U0153753

棒球物理
大聯盟

王建民也要會的物理學 第二版

推薦序——用熱情澆灌的棒球科學

　　二〇〇九年十月八日，洋基與雙城展開季後分區賽，爭取進軍美聯冠軍戰的資格。當天比賽第五局下半，「酷斯拉」松井秀喜上場打擊，面對雙城菜鳥投手鄧恩一顆內角球，松井順勢一揮，看似一個平凡的高飛球向右外野急馳而去。萬萬沒想到，三秒鐘後，這顆球竟飛越了314英呎的大牆，是一支兩分全壘打，也徹底擊沉了明尼蘇達來犯者的士氣。

　　松井擊出的那顆球，看來並未確實打中「甜蜜點」（sweet spot），球在第一時間被擊出的飛行仰角也不盡理想，在一般情況下，最有可能的結果頂多是在全壘打牆前警戒區就會遭到接殺。但根據當天現場主播的說法，松井擊出球的當下，球場上空的風速竟高達每小時七、八十公里，風向正朝著中右外野吹去。換句話說，松井的全壘打，其實是靠風力之助，球場上的「空氣／物理」條件促成了這一切。

　　一般人都知道順風有助於物體的飛行，相反的，逆風則形成阻礙。但這些「助力」與「阻力」施加於一顆棒球上的作用究竟有多大？如何計算？卻是多數人很想知道、卻往往不明就理之事。如果再深入一點想，影響棒球飛行距離的，難道只有我們經常在電視轉播中所聽到的打者power而已嗎？大氣條件中的溫度、濕度、球與球棒的彈性係數、投手的球速、球種，以及打者揮棒的速度與角度，難道不也是影響擊球遠近的關鍵因素？然而，它們是透過什麼樣的原理在影響球的飛行呢？

　　時間稍微後退至二○○六年美聯分區季後賽第二戰，高齡四十二歲的老虎隊左投肯尼‧羅傑斯（Kenneth Rogers）威風八面，令洋基打者一籌莫展，慘遭完封。賽後媒體披露，羅傑斯帽簷沾有不明黃色污漬，疑是使用松膠油。這件事當然無從證明，但球迷必然好奇的是，為何使用松膠油可以幫助投球威力大增？這與在球上抹口水（即一般通稱的「口水球」（spit ball），一九二○年後已遭大聯盟禁用），能令球的變化幅度變大、增加打者擊球困難度的技倆是否如出一轍？

　　此外，球迷們一定更想知道，王建民那一手被喻為渾如鉛塊、進壘時會突然下竄超過一英呎的「性感」（sexy，前洋基隊友Johnny Damon的形容）下沉球，究竟是怎麼投出來的？為什麼「四縫線」直球會比「二縫線」直球的速度要略快一些？我們常在電視轉播的慢動作中看到的快速直球似乎到了本壘前會忽然往上竄，這是真的嗎？還是視覺上的錯覺？

　　前述的這些問題，不管是「看門道」還是「看熱鬧」的棒球迷，一定都會想知道。但這牽涉複雜的物理原理，卻又是多數與我一般的普通球迷只能望之興嘆的難題。為了弄清楚那些縈繞我心已久的棒球科學問題，我一直在尋找相關書籍以求解惑，但很可惜的是，市面上很難找到一本關於棒球科學的中文專論。

　　所幸，理論物理學家，同時也是超級棒球迷的李中傑教授顯然聽到了多數球迷的心聲，遂運用所學，將棒球裡涉及的物理問題一一作了詳細的理論分析，並且附上實驗數據與實際事例，讓喜愛棒球者得以藉由他易於親近的文字進入這項被喻為

最難運動的科學世界裡,一窺其然與所以然。這本厚達三百多頁、共十個章節的《棒球物理大聯盟》精彩至極,既是專業的物理學論述,亦可以是普及化的科普撰著——只要讀者有心想弄懂它。

李教授雖與我素昧平生,但基於對棒球相同的熱愛,使我們兩位領域完全不同的學院中人有了交集。他囑託我為這本書寫推薦序(實在萬不敢當),我既感興奮,又覺惶恐,深怕自己有限的科學知識不足以推薦這本好書百分之一的精華,因此格外認真地將初稿研讀了一遍。閱讀過程中,對李教授學識讚嘆之餘,我充分領會到他對棒球所灌注的熱情與執著,完全不下於其物理專業。人類世界之所以有這麼多美好與新奇的事物不斷被創發,不正是這樣豐沛的情感在背後驅使嗎?

許又方　謹誌於禿筆樓

二〇一四年五月

序言——棒球與我

　　還記得你國小畢業時的身高嗎？印象中，到了小五，班上總是有幾位特別高大的女同學，一點也不像是我們的同班同學。她們的功課好像都還不錯，與老師交好，卻不太與我們打交道。身高儼然成了劃分朋友族群上的一項指標。其實這也不壞，小孩世界中的自然歸屬，反可確保許多遊戲的可行性。設想一下，身高一百六與一百三間的殺刀對決，一百三的即便伸長了手臂也是難以貼近攻擊。這殺刀遊戲還算好，若是玩起躲避球，或是籃球這類的運動就更難堪了。還好，相較於我們大人的世界，小孩子總是單純又善良，同學間雖然有不同的玩伴群體，但也相安無事，身高不是問題。

　　想想缺乏電玩的年代，反倒是讓小朋友有較多的群體活動。再加上當時我們國家特有的少棒文化，許金木、涂忠男、李居明、徐生明、葉志仙等等的少棒國手都成了我們家喻戶曉的民族英雄。雖不曾謀面，但他們卻活生生地活在每位活潑亂跳的男孩周遭。無論是角色扮演，或是模仿對象，棒球也是我的生活重心。

　　就在一天的朝會中傳來一個可喜又期待的消息，榮工少棒隊要來我們學校招募球員。雖然當時的榮工隊在我們眼中並不光彩，幾年前他們居然在沒人看好的情況下，打敗了全國公認的最強隊伍，拿到台灣的代表權。這也就算了，反正他們真的是拿到了參賽遠東區少棒賽的代表權，但不怎麼強的印象卻

在遠東區的賽事中原形畢露，輸掉了我們已習慣的冠軍頭銜。哎！就如此，幾年前的他們可是被我們大夥給罵慘了，還記得他們的王牌投手就是陳義信。可真沒想到當年的敗將，日後可是搖身一變，成了「假日飛刀手」，還迷死眾多的死忠象迷。回歸正題，朝會的消息可是一個千載難逢的機會，或許我也可以成為新一代的國家英雄。

　　單單為了報名，我與同伴還到河濱公園練投惡補一陣。報名選秀的日子一天天的接近，興奮與緊張的心情也與日俱增。可憐的我，怎麼會單純地認為五年級的我，就得承擔起人生命運轉戾的壓力。不管怎麼說，一切都準備好了！世界即將在我手中的球上展開，一切都準備好了！但就在我踏上那條報名的線上時，一個可惡的告示牌就站立在報名線上，寫著身高一百五十公分以上的報名資格。這條規定對我既不公平也無理！

　　小學畢業，一百四十一公分，印象深刻的長度，與一百五十公分的差別，對我來說，可不僅是短短的九公分長。失望、氣憤等等不爽的情緒無一缺少，誰說用功努力就可達成一切，當下所面對的事實是連報名的資格都沒有，我的身手他們可是連一眼也沒看過。

　　時間飛快地過了數十年，期間隨著國球的榮辱起浮，我的心也不免隨之起浮。雖然偶爾還是會有個當球員明星的幻想，但不可否認地，棒球的熱度已遠非我生活的重心，即便她甜甜的氣味，仍三不五時地飄逸在我周遭，那是一種淡淡的香味，一種不會因雨而散去的清香。對了，我想說的是，在我現在每

天得待上好幾小時的書桌上，有一顆不經意把玩幾下的棒球，
與物理為伴，又喜歡數字的堆積。若你認識我，一定也會聽到
我敘說我所開設的一門「不打棒球的棒球課」，及一堆的棒球
經。棒球之於我，這就夠了！再說人間本就沒有真正的公平，
這點在我小學五年級的選秀報名會上可就體驗到了。然而，多
年下來從我的棒球路上，所學習到的人生課題是遇見不平也不
必過度的氣餒，一條絕路之後，上天總是會留下另一條出路給
我們，且看現今我與棒球的交情，絕對會比我當年真地當起一
個棒球員來得好，這點我深深相信著。

ps. 對不起了，陳義信，當年的你一定聽了不少惡毒的辱罵，真
　　是對不起。

感謝

　　這本書之所以能夠完成，首先得感謝此工作背後的最大推手——五南出版社的王主編，除了對這本書的精美編排外，還給了我足夠大的空間，讓我能夠自由地發展此棒球書之寫作風格；也得感謝我求學時期的兩位老師——淡江大學物理系的錢凡之老師與何俊麟老師，一位讓我覺得讀物理是一件很酷的事，一位則是教我如何嚴謹地看待物理的研究；最後想感謝的是我的家人，特別是我的母親，在看大聯盟還得裝小耳朵的年代，她總是趁著探訪當時留美兄嫂的機會，為我帶回不少大聯盟的紀念品，有一次還從機場拎回一張比人還要大上幾倍的棒球海報，真令我感動，也讓我不為棒球迷也難！還有大小亮亮，妳倆讓我在棒球之外還有著珍愛的生活。

C. J.

2014.05

致讀者——一本獻給所有棒球迷的科學書

　　科學是迷人的！科學探索的過程就如同透過福爾摩斯的眼睛，尋找線索，仔細推敲，再一步步地以合理的方式去打開謎底。但科學探索與福爾摩斯的辦案卻有一個很大的不同點，大自然的謎題沒有最後的終點。每當看似終點的來臨，其背後往往又浮現出一個更迷人的謎題，待人探索。所以科學是迷人的，科學是會讓人沉迷的！棒球場上的物理探索也是如此，即便我們可以三言兩語地解釋為何會有變化球，但仔細地追問下去，為什麼投手的不同球種會有不同的變化幅度？而蝴蝶球的變化原理會與一般的變化球一樣嗎？可能沒有一個問題是可以簡單回答的，端看你要多嚴謹地去看待這棒球場上的物理學，這就是棒球物理讓我著迷的地方。

　　科學雖是迷人的，但陪著一群非理工科系的大學生談科學卻不是一件容易的工作。或許是因為「科學之美」長久以來已被務實的「科學之用」所掩蓋，所造成的結果是對科學的探究無法深化成我們社會公民的生活習慣，在我們的社會中科學與人是有距離的。那如何對一群非理工科系的大學生談「科學之美」呢？題材是一大問題，多年來也讓我傷透了腦筋。直到棒球進入我的課堂，伽利略的自由落體，不再是一顆冰冷向下掉落的石頭，而是一顆他們想去了解的棒球飛行。此外這群學生也會主動地去丟一下球，揮一下棒，來檢視一下科學解釋的真假。即便課堂的黑板上出現了他們以往所討厭的數學式，也

因為棒球的緣故，讓他們看出了數學式中所蘊藏的生命。談科學，棒球是一個好的捷徑，誰叫棒球是我們的國球，很少人能抗拒這國球的誘惑。也因此有此書的誕生，一本獻給所有棒球迷的科學書。

目錄

球迷間的傳聞

Chapter 1

2008年10月4日洛杉磯道奇隊以三比一的比數擊敗來訪的芝加哥小熊隊，也結束了小熊隊的整個球季。四天前，小熊隊才以97勝64敗的聯盟最佳戰績進入季後賽，但接下來連續三場的輸球，所輸的對手卻是球季例行賽戰績僅84勝78敗的道奇隊。84勝78敗的勝敗場次雖不是歷年打進季後賽的最差隊伍，但也非常接近了。即便大家都了解球場上充滿著變數，也知道事後諸葛的報章媒體會如何地去細看品評這三場球賽的調度得失，但大家還是樂意將小熊隊的輸球牽引到一個迷人的詛咒命運。

話說1945年世界大賽的第四場比賽，一位叫威廉「比利山羊」西亞尼斯（William "Billy Goat" Sianis）的小熊隊球迷，帶著他的幸運寵物莫菲（Murphy，一頭山羊）來到芝加哥小熊隊的瑞格利球場（Wrigley Field），好替當時勝負場次已是二比一領先的小熊隊加油打氣。熟料在球場入口處被一位工作人員給攔下，因為寵物是不准帶入球場的，何況他帶的是一頭山羊。然而這位「比利山羊」老兄卻氣沖沖地爭辯這突發的狀況，手中還揮舞著他特地為莫菲所買的門票。

想想那入口處的場景，冠軍賽中的球迷原本就已處於興奮瘋狂的狀態，外加入場時的人群擁擠。據說當天的稍早還下了一場雨，如今又多了一頭買票準備進場的山羊，推擠鼓譟自不在話下。總之，小熊隊的老闆瑞格利先生（P.K.Wrigley）很堅定地做出裁決──讓「比利山羊」進場，但那頭羊不准，因為老闆說那頭山羊很臭！

Fig.1-1　威廉「比利山羊」西亞尼斯與他的寵物莫菲

　　讓我們把這個裁決換個角度來解讀──山羊不准進場，不是因為牠是頭山羊，而是因為牠很臭。裁決過後，其他參與鼓譟看熱鬧的球迷，想的大概也僅是如何讓自己在擁擠中早點入場看球，還有誰會去同情「比利山羊」呢？無助的「比利山羊」僅能雙手一攤，對著他心愛的小熊隊留下一段先知警語「小熊隊不會再贏了！而且只要他的山羊一天不能進入瑞格利球場，即便是世界大賽的參賽資格，小熊隊也無法獲得。」接下來，「比利山羊」也只能牽著他的莫菲黯然離開球場。幾小時後，小熊隊輸掉當天的比賽。接下來的幾天，小熊隊又連輸了幾場球，當然也輸掉了1945年的世界大賽。「比利山羊」迅速地發出一封電報給小熊隊的老闆，上面寫著「你瞧！現在是誰比較臭？」

　　實際上，小熊隊距離上次世界大賽總冠軍已是百年前的往事（註：小熊隊上一次的世界冠軍可得追溯到1908年）。在這百年弱隊的歷史中，小熊隊也獨特地發展出弱隊的迷人傳統，像是

每年例行球季的結束日，與其它球隊的球迷相比，小熊迷們就更能享受高掛於球場上的標語──「期待明年球季到來」，而不會將球季的遺憾帶入寒冬深鎖。畢竟，有很大的機率讓新的球季比今年來得更好。

也當然，在這百年輸球的歷史中也偶爾參雜著兩三個意外年頭，讓他們贏得聯盟分區冠軍，但總是在聯盟冠軍賽中敗下陣來，那就更別提世界大賽了。然而，就如2008年季後賽的敗陣，還會有多少人誠心相信這是一個半世紀前的詛咒惡運？但好玩的是又有這麼多的人喜歡去流傳發揚這樣的詛咒。因為這樣的耳語傳言反使球賽多出一層神秘的感覺，也增加了不少看球的樂趣，即便像是投手可否投出曲球（泛指變化球）這檔事，也煞有其事地爭執了好一陣子。

真的有曲球嗎？

真的有曲球這回事嗎？相信今天已沒有人會去懷疑曲球的存在。但五十年或是一百年前呢？是否有曲球這檔事可就不再是那麼肯定了。甚至在1941年的《紐約客》雜誌上還出現一篇老球探寫的文章，聲稱世間根本沒有所謂的曲球，球場上的每一個人都知道！至於為什麼會有這曲球的傳聞，僅是棒球人士喜歡暗藏玄機。如此不是讓球賽更有趣嗎？可想而知，這篇文章在刊出後引起不小的騷動，正反意見又吵成一堆。怎麼會這樣呢？或許科學上的實驗檢視可解決此紛爭。於是《生活》雜誌便邀請了攝影師Gjon Mili利用當時正紅的快速閃光照像術（high-speed stroboscopic lighting technique）對當時大聯盟的兩位投手──費城菲立隊的Cy Blanton與紐約巨人隊的Carl Hubbell做了一次實地

的拍攝調查，並刊登在《生活》雜誌上。希望能以較為科學的方
式，來裁定此有無曲球之爭議。畢竟眼見為憑，凍結時間演進的
照片影像想當然爾是可以給我們較為仔細的端詳（Fig.1-2）。
左邊的照片是Carl Hubbell所宣稱的曲球（curve ball），右邊則
是他的螺旋球（screwball）。你覺得呢？

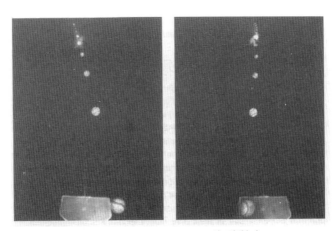

Fig.1-2　Carl Hubbell的兩顆球

　　老實說，我花了不少的時間在這兩張照片上，去揣測棒球飛
行的曲度。但怎麼看就像是兩顆直線加速的筆直速球。怎麼會這
樣呢？事實上，當年《生活》雜誌上的結論也是如此：雖然我們
每一個人都可輕易地讓乒乓球或網球偏離常軌的飛行，但棒球
太重了！曲球是不存在的──Blanton投出的最佳曲球實際上是
顆明顯下掉的直球；至於Hubbell，即便他投出他所有的看家本
領，但終究僅是兩條直線。

　　然而，物理學家對這樣的結果並不買單，且很快地在隔年的
美國物理期刊上刊載一篇由物理學家Frank L.Verwiebe所寫的短
文。文章的作者用一個非常簡單明瞭的實驗推翻掉生活雜誌上的
結論。為追蹤棒球的飛行軌跡，作者在投手與本壘當中等距架設
起數個垂直木框（Fig.1-3），每個木框內都編上長寬間隙一吋
的棉線纖維，如此使棒球飛過木框後可在上面留下行經時的確實
位置，誤差一吋。然後比對棒球行經不同木框時所留下的位置，
我們便可畫出投手球路的飛行軌跡。

Fig.1-3　刊登在美國物理期刊上的一篇論文，旨在證明「曲球」的存
　　　　　在。圖中左下角的照片為論文作者為證明「曲球」存在所架
　　　　　設的設備。

　　垂直地面的方向必定受到重力的影響，因此棒球在垂直方向
上不可能是直線的掉落（見下章的說明）。又由於文章的目的僅
是要證明曲球確實存在，所以作者僅須簡單地測量投手出手後棒

球的橫向位移即可（即由投手板指向一三壘的方向）。假設棒球飛行時沒有橫向力作用其上，如此棒球在此方向上便會是直線前進。又根據幾何學，我們都知道兩點決定一直線，所以此直線可藉由球投出後，球所經過的前兩個木框上之位置來決定。然後再去比對每個木框所給出的實際橫向位移，若沒有偏差，則曲球便真的不存在！然而作者實際測量的結果發現，投手投出的每一顆球都有將近5到15公分的差異，當然這差異會隨不同投手或不同球路而有所不同，但這已足夠讓我們去證明曲球確實存在！同時，文章也指出這大半的橫向位移會發生在球進本壘板前的瞬間。這對打擊者來說可真是一個難以應付的事實，但物理原理可告訴我們事實的真相便是如此！

相信當今的球迷都已不再像一甲子前的人們，去爭辯曲球的存在與否，曲球的的確確是存在的！而我們真的想知道的是，在真實棒球賽中投手投出的曲球幅度到底可以有多大？同時又是什麼樣的物理原理可以解釋這曲球的出現？老實說，這看似簡單的問題，卻沒有一個簡單的答案。就如同Robert K. Adair在他著名的《棒球物理學》一書中所說的「當我們看見物理學家如此成功地對深奧自然界分析 —— 例如基本粒子的性質，或界定我們所處宇宙間的基本作用力，甚至是宇宙創生後幾分鐘內的性質等等。我們一定會感到奇怪，為什麼棒球與物理學之間的精確關係卻幾乎是在我們的掌握之外。」

即便如此，本書還是要把棒球場上的各個現象，盡可能地以物理學的定律去解釋清楚。也藉由國人普遍喜愛的棒球運動，來提供學習物理的動機，特別是物理學中最基礎的古典力學體系。

同時也為顧及過去不曾接觸過物理學的讀者，我們特地在下一章的「力學初探」中介紹運動學的基礎知識，好讓所有的讀者均能循序地由簡開始。然後在後面的章節中，讀者將可發現在逐步增加問題複雜性的同時，我們也將會越來越貼近真實棒球比賽的場景。希望在這樣的安排中，可燃起更多人對科學學習的興趣。

小熊隊難以揮去的詛咒

　　回到剛剛小熊隊的詛咒，就不得不提在2003年所發生的巴特曼事件。國家聯盟冠軍賽（NLCS）的第六場比賽，球賽進入尾聲的八局上，小熊仍已3比0的比數領先來訪的邁阿密馬林魚隊。事實上，總共再五個人出局，不僅是這場比賽，小熊隊就可贏得國聯的冠軍，並挺進睽違58年的世界大賽。而當下的投手仍是主控全場的先發投手，到目前只被打出三支零星的安打，全場的小熊迷（或說全世界的小熊迷）都認為贏定了。直到馬林魚隊的路易斯·卡斯提洛（Luis Castillo）打了一支左外野的「界外球」。

　　雖是一支接近外野觀眾席的界外球，但小熊隊的左外野手飛快地奔向球的落點處，似乎就可把此球給接殺出局。但就在舉起手套準備接球的瞬間，誰也沒料到出現了一位叫史帝夫·巴特曼（Steve Bartman）的小熊迷也爭著去接這球，突然間這個原本「可」被接殺的界外高飛球就不見了。接下來就是一連串的惡運，這局小熊隊丟了八分，其中的六分還不是投手的自責失分！不用說，小熊隊輸了這場比賽。接下來的第七場關鍵比賽，小熊隊也是如中邪般地兵敗如山倒。相反地，死裡逃生而挺進世界大

賽的馬林魚隊，則一舉拿下了當年世界大賽的冠軍頭銜。

　　事後回想起來，我們真的不知道小熊隊的左外野手是否能真的接住那球，畢竟那球是落在看台上的。但可想而知，小熊隊的輸球惡運似乎要找個人來責怪一番，巴特曼也就成了眾矢之的。很慘，這位老兄還從此隱姓埋名地深怕被人認出，改了名，搬了家，不見了。

　　針對此事件，大聯盟主席巴德‧賽利格（Bud Selig）也發出了聲明「我了解大家那種心碎的感覺，但去責怪一位熱愛小熊的球迷，是不公平的。我看完史帝夫的聲明後真的很難過……大家可把一切推給山羊詛咒，但責怪史帝夫是不對的。」原來球迷間的傳說還是有它的正面功能！

Fig.1-4　巴特曼事件的界外球

Chapter 2

力學初探

　　對從事物理相關行業的人員來說，無論是研究人員或是教職，伽利略對「物體運動」的看法可能是簡單的概念，也忘了初次學習時是否有遇見什麼樣的困難。但倒是記得，伽利略幾乎就是物理課程的第一個主題，或許課堂上的物理老師還會揶揄亞里斯多德一番，以彰顯「現代科學之父」伽利略所開創出的實驗方法。姑且不論伽利略的科學方法到底是什麼，我們所感到好奇的是伽利略對「物體運動」的看法，對距他已四百年的我們真的就這麼理所當然嗎？那亞里斯多德對「物體運動」的看法也真的那麼好笑嗎？已有很多的研究指出，實情不然，即便在學校中可毫無困難地選出正確答案的同學，也都夾雜著不少接近亞里斯多德的影子，就別說一般大眾了。

　　我們的「棒球物理學」也即將由棒球的飛行運動講起，或許該時髦地快點講些好玩的棒球軌跡，以做為引起讀者興趣的手段。但若以紮根民眾科學素養的角度來看，我們就不能不提開創出現代物理學發展的伽利略與牛頓，及其學說的基本要意。若讀者已自認對此熟悉，不妨直接到下一章去看飛行棒球上的力。當然，更是歡迎讀者能夠由本章做為一個「棒球物理學」的起點，來看我們如何架構起科學的理性分析。本章的重點除了伽利略的運動學外，還有在古典力學中佔有核心地位之牛頓的三個運動定律及其重力理論。

2.1 笛卡兒座標系與物體的位置

曾經看過棒球轉播的人必定有聽過這樣的描述──某某某將球打成右外野的高飛球。也相信每位棒球迷都聽懂這「右外野高飛球」，是指由本壘看去飛向右手邊的飛球。然而在這個再簡單不過的陳述中，其實包含了一個描述物體運動（或位置）的基本要點，就是得找一個大家有共識的參考點來做為物體位置的相對描述。在上面的例子中，此參考點就是「本壘」。同樣地，物理學家對物體運動（或位置）的描述也是如此，只是為了更精準的描述，除參考點外，還得加上座標軸的設定與座標值的標示。下面我們就以棒球場的描述為例。

規則1.04

球場係依據下列要領所示之方式設立。內野係90呎（27.431公尺）四方，而外野係指在一壘線及三壘線所延長之界外線（FOUL LINE）間之地區。

…………

當本壘位置已定，則自此點以鋼尺量一二七呎三又八分之三吋（38.795公尺）之距離決定第二壘之位置，再以本壘為基點量九十呎，再以二壘為基點量九十呎朝第一壘方向，其交叉點以決定第一壘位置。然後以本壘為基點量九十呎朝第三壘方向，再以第二壘為基點朝第三壘量九十呎，其交叉點以決定第三壘。第一壘至第三壘之距離為一二七呎三又八分之三吋。測

量至本壘之距離係指第一壘線及第三壘線之交叉點而言。

【注意】

(a) 所有職業球隊在一九五八年六月一日後所建造之球場，必須保證在左、右外野界內區域內從本壘至圍牆、看臺或其他阻礙物至少三二五英呎，以及至中外野圍牆距離須在四百英呎以上。

(b) 一九五八年六月一日以後，對已經存在之球場，其本壘板至界外標竿和本壘板至中外野全壘打牆之距離，不得變更至短於上面(a)點所規定之最短距離。

由於棒球場本身屬於一個二維的平面，我們就選用大家所熟悉的二維笛卡兒坐標系（Cartesian coordinate）來描述它，如（Fig.2-1）所示。「本壘」這個特殊的參考點，即是我們所選定使用之座標系原點，也是兩互相垂直正交軸線的交會點。習慣上我們會以x-軸與y-軸來稱呼這兩條軸線，這便是二維平面上的笛卡兒座標系。至於這兩條軸線於平面上的確實指向則可隨意設定轉動，但我們將會看到，好的座標軸設定可大幅減化問題描述上的複雜性。在（Fig.2-1）中，座標系的原點（即我們的本壘）座標為(0, 0)，y-軸為由本壘經投手板指向二壘壘包的方向，x-軸則為此平面上通過原點並與y-軸垂直的方向。一旦座標系選擇好了，棒球場上的任何位置就可以此座標系的座標明確地標示出來。例如二壘的壘包就在y-軸上距本壘約38.8公尺處，如此二壘壘包的座標便可標示為(0, 38.8)。

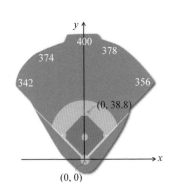

Fig.2-1 二維的笛卡兒座標系。笛卡兒座標系最大的特點,除了各自軸線是直線為外(方向永不改變),彼此之間還互相垂直,交會於原點。

此外,我們可進一步地引入「位置向量」(position vector)$\vec{r}$的概念,即由座標原點到欲描述位置的向量(即同時包含大小與方向的量),所以二壘壘包的位置向量便是$\vec{r}=38.8\hat{e}_y$,其中$\hat{e}_y$為y-軸方向之單位向量(unit vector)—— 長度為1的向量(此處我們所用的單位為公尺)。數學上我們又稱$\hat{e}_y$為此座標系於y-軸方向之基底向量(base vector)。理所當然,在我們目前所使用的二維笛卡兒座標系上會有兩個基底向量$\hat{e}_x$與$\hat{e}_y$,分別對應到x-軸與y-軸的方向上。因此,若一壘壘包的座標值為(x, y),則其位置向量便可寫為$\vec{r}=x\hat{e}_x+y\hat{e}_y$,其中座標值$x$與$y$即為此位置向量於所對應之基底向量上的投影量,其求法如下

$$x=\vec{r} \cdot \hat{e}_x=|\vec{r}|\cos\theta \qquad (2.1)$$

式中的θ爲$\vec{r}$與$\hat{e}_x$間的夾角，又根據棒球場之規定，內野爲90
呎之正方形，即壘包間的距離爲90呎（約27.4公尺），所以在
（2.1式）中$|\vec{r}| \approx 27.4$及$\theta = 45°$，如此可求得$x \approx 19.4$（同理也可
求$y \approx 19.4$），也就是說一壘壘包之座標爲$(19.4, 19.4)$。

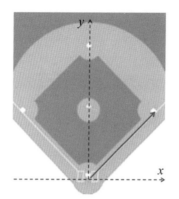

Fig.2-2　根據我們所設定的座標系，一壘壘包所對應的位置向量。

　　當然，在我們棒球場上的物理學中，一個很重要的課題是描
述球的飛行，而不是僅要標示棒球場上的位置。因此在一般的狀
況下對於一顆在空中飛行的棒球，二維的平面座標系就已不足
使用。如此我們就得再加入一個描述高度的z-軸於原先的座標系
統，而形成三維的笛卡兒座標系統，如（Fig.2-3與Fig.2-4）所
示。

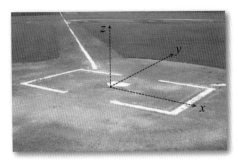

Fig.2-3   三維笛卡兒座標系。

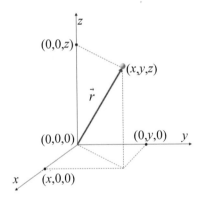

Fig.2-4   三維笛卡兒座標系與座標系中任意點之位置向量。

棒球中壘與壘間九十呎距離的規定，
是人類最近完美的創作。

—球賽作家Red Smith

2.2 物體的速度

　　一旦以位置向量來標示飛行於棒球場上的棒球位置後，此位置向量必定會隨著時間的演進而變化，也就是說此飛行棒球的位置向量會是一個時間的函數，此函數亦稱為此棒球的運動軌跡，數學上的標記以$\vec{r}(t)$表示之。自然地，除了運動軌跡之外，我們還對此棒球的飛行快慢有興趣。因此我們便得對物體的運動速度（velocity）給一定義，以便我們可精確地描述此棒球的飛行快慢，我們也都知道速度為微小的時間間隔Δt內，物體位置向量的變化量，

$$\langle \vec{v} \rangle \equiv \frac{\Delta \vec{r}}{\Delta t} = \frac{\vec{r}(t + \Delta t) - \vec{r}(t)}{\Delta t} \qquad (2.2)$$

根據此定義，我們可知速度仍舊是一個向量，其單位在M.K.S.制下為秒分之公尺（m/sec）。（註：日常生活中另一個常與「速度」（velocity）混淆的物理量為「速率」（speed），其定義為單位時間內物體所走的距離長度，由於距離長度僅是一個無方向性的純量（scalar），所以此速率亦為一純量。）

　　嚴格說來，（2.2）式的定義僅能表明棒球於時間t與$t+\Delta t$之間的平均速度（average velocity）（Fig.2-5）。為更精確地描述此棒球的運動狀況，我們必須知道的棒球在每一特定時刻t下的「瞬時速度」（instantaneous velocity），為此我們必須引進「微積分」的數學概念，並以此來定義物體運動之瞬時速度為物體之位置向量對時間的微分，

$$\vec{v} = \frac{d\vec{r}}{dt} \equiv \lim_{\Delta t \to 0} \frac{\vec{r}(t+\Delta t) - \vec{r}(t)}{\Delta t} \tag{2.3}$$

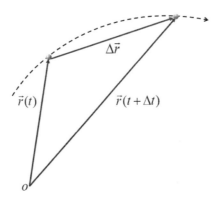

Fig.2-5　定義平均速度中的 $\Delta \vec{r}$ 為時間 $t + \Delta t$ 與 t 間的位移。

亦即將定義「平均速度」中的微小時間間隔 Δt 趨近到無限小。一般而言，微分後所得的速度仍會是時間的函數，所以物體在時刻 t_0 的瞬時速度可寫成

$$\vec{v}(t_0) = \frac{d\vec{r}}{dt}\bigg|_{t=t_0} \tag{2.4}$$

由（Fig.2-6）也可看出，此時刻之棒球飛行的速度方向，即為棒球飛行軌跡上所對應時刻之位置處的切線方向。（由於在物理學中，我們所指的物體速度大都為此瞬時速度。因此在後面的討論中，若無特別申明，物體速度便是指瞬時速度。）

又根據我們之前所介紹的笛卡兒座標系，座標系之基底向量無論在何時與何處均爲固定不變的向量，因此對時間的微分等於零（即這些基底向量不會隨時間的演進而有所改變，$d\hat{e}_x/dt = 0$），這也是笛卡兒座標系特別容易使用的原因。所以一旦描述棒球飛行的座標系選擇好之後，棒球之速度便可表爲

$$\begin{aligned}\vec{v} &= \frac{d\vec{r}}{dt} \\ &= \frac{d}{dt}(x\hat{e}_x + y\hat{e}_y + z\hat{e}_z) = v_x\hat{e}_x + v_y\hat{e}_y + v_z\hat{e}_z\end{aligned} \tag{2.5}$$

（2.5）式也告訴我們在三維空間中，物體運動的速度可根據我們所使用的笛卡兒座標系分解成三個互相獨立的速度分量（v_x、v_y、與v_z）。

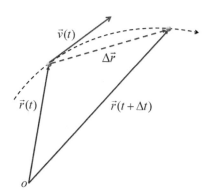

Fig.2-6　當時間間隔$\Delta t \to 0$時，平均速度便成爲時刻t下之瞬時速度，且方向爲物體運動軌跡之切線方向。

很多人都說：數學方程式是科普書籍的殺手

著名的宇宙論學者霍金（Stephen Hawking）在他的知名著作《時間簡史》中曾提到──科普書中每多一條數學式，就會讓書的銷售量減少一半。長久下來，避開數學式便成為一個科普寫作的安全準則。顯然，這本書不會遵守這準則。我還是相信「科學與數學素養」在現代公民社會中的正面功能與價值。也相信只要興趣存在，讀者的潛力是無限的！

當然還是希望不要因為數學式子而嚇走原先對此書有興趣的讀者。我時常對我的非理工科系學生說，會不會數學上的計算是一回事，對數學式的理解與欣賞又是另一回事。很可惜，考試下的數學教育似乎太強調了前者，而學生對數學的沮喪卻往往源於不理解數學式的表示方式。對此，我常在學生的面前調侃一下數學家，說他們是一群懶惰的人，不想每次都得寫一大堆的文字說明來明確陳述一個概念，因此發明數學式的符號寫法便成為數學領域中一項很重要的工作。也因此，當我們遇見一個數學式，我們大可先忘掉「去演算」的傳統反應，純粹以欣賞的角度來探索與理解這短短式子中（還包含了一些奇怪的符號）所要告訴我們的概念。久了，我們還不得不佩服這群看似懶惰的數學家，發明了如此精簡，又如此微言大義的符號。更神奇的，你還會覺得這些符號的發明設計還非得如此不可！

我相信你學習數學，會比我學習了解棒球來得快。

──愛因斯坦

2.3 物體的加速度

在觀看棒球轉播的經驗中，對棒球的飛行描述，除了有關於飛行軌跡與投手投球之球速外，似乎再也沒聽過其它的描述了。但在牛頓力學體系中還有一個更為核心與重要的物理量，即「加速度」（acceleration）。此物理量是用來衡量物體速度變化的快慢程度，如此我們可延伸之前對物體瞬時速度的定義，再進一步地對物體運動之「瞬時加速度」給一個明確的定義：

$$\vec{a} = \frac{d\vec{v}}{dt} \equiv \lim_{\Delta t \to 0} \frac{\vec{v}(t+\Delta t) - \vec{v}(t)}{\Delta t} \tag{2.6}$$

也就是當時間間隔趨近無限小時的物體速度變化量。若再結合物體速度之定義，我們可知

$$\vec{a} = \frac{d\vec{v}}{dt} = \frac{d}{dt}\left(\frac{d\vec{r}}{dt}\right) = \frac{d^2\vec{r}}{dt^2} \tag{2.7}$$

上式最右邊等號後的寫法是代表對時間的兩次微分，也就是說：物體之加速度為其位置向量對時間的二次微分，所以加速度的單位在M.K.S.制下應為秒平方分之公尺（m/sec^2）。

就如同速度於（2.5）式中的分解，在笛卡兒座標系中，我們也可將物體之加速度分解為三個互相獨立的分量，

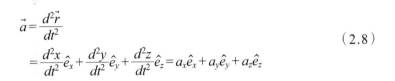

$$\vec{a} = \frac{d^2\vec{r}}{dt^2}$$

$$= \frac{d^2x}{dt^2}\hat{e}_x + \frac{d^2y}{dt^2}\hat{e}_y + \frac{d^2z}{dt^2}\hat{e}_z = a_x\hat{e}_x + a_y\hat{e}_y + a_z\hat{e}_z$$

（2.8）

2.4 位置向量、速度與加速度間的關係

　　至此，我們已介紹了描述物體運動的三個基本物理量（位置、速度、加速度）。且為了明確描述球的飛行，我們引進了一個三維的笛卡兒座標系。所幸笛卡兒座標系的最大好處就是在任何位置、任何時間，其基底向量($\hat{e}_x$, $\hat{e}_y$, $\hat{e}_z$)均不會改變，也因此無論物體運動到何處，我們僅要針對同基底向量所對應的的位置向量、速度與加速度之分量一同討論即可。在下一節的盜壘例子中，我們也將看見選擇一個好的座標系可大大簡化問題的討論。

　　我們就以對應基底向量$\hat{e}_x$之物體位置向量、速度與加速度之分量(x, v_x, a_x)為例，看它們彼此間的關係為何。也對不曾接觸微分方程式的讀者介紹一下「微分方程式」及「其解」的含義。

・何謂「微分方程式」？根據瞬時加速度的定義：

$$a_x = \frac{dv_x}{dt}$$

　　此即為最簡單的微分方程式（前面的章節中就看過了，只是沒有明確說出而已）。又因為式中的速度函數$v_x(t)$對時間t僅微分一次，我們就稱此方程式為「一階微分方程式」。所以，若把瞬時速度v_x的定義也代入上式，則

$$a_x = \frac{dv_x}{dt} = \frac{d}{dt}\left(\frac{dx}{dt}\right) = \frac{d^2x}{dt^2} \quad \Rightarrow \quad \frac{d^2x}{dt^2} = a_x$$

同樣的稱呼方式，此時式中的位置函數$x(t)$對時間是二次微分，所以我們就稱此為「二階微分方程式」

・微分方程式的解。為簡化我們的問題，我們就來看一個簡單卻常遇見的一個例子：加速度為一定值（$a_x = \text{constant}$）下的物體運動，即所謂的「等加速度運動」。此例子之微分方程式為

$$\frac{d^2x}{dt^2} = a_x \quad \text{其解為} \quad x(t) = \frac{1}{2}a_x \cdot t^2 + v_{x_0} \cdot t + x_0$$

其中v_{x_0}與v_0分別為一個不隨時間演進而改變的常數（註：對於幾階微分方程式之通解，通解中便會包含幾個這樣的常數。在我們的例子中是一個二階微分方程式，所以包含了兩個常數）。也就是說將$x(t)$這個解代入原先的微分方程式，其結果可使原方程式成立。這樣的說明好像有說等於沒說，難道不是這樣嗎？但對一般讀者有這樣的概念就足夠了，也如我之前所說，重要的是讓讀者能夠欣賞領會數學所要表達的含意。若真要對一般的微分方程式解出其解可是一門大學問。至於我們的例子，倒不難由微分的定義獲得驗證。

【證明】根據瞬時速度與微分的基本定義，我們先將物體位移 $x(t)$對時間微分一次

$$v_x = \frac{dx}{dt} \quad \text{及} \quad \frac{dx}{dt} = \lim_{\Delta t \to 0} \frac{x(t+\Delta t) - x(t)}{\Delta t}$$

在我們的例子中： $x(t) = \dfrac{1}{2} a_x \cdot t^2 + v_{x_0} \cdot t + x_0$

$$x(t + \Delta t) = \frac{1}{2} a_x \cdot (t + \Delta t)^2 + v_{x_0} \cdot (t + \Delta t) + x_0$$

$$= \frac{1}{2} a_x \cdot (t^2 + 2 \cdot t \cdot \Delta t + \Delta t^2) + v_{x_0} \cdot (t + \Delta t) + x_0$$

$$= \frac{1}{2} a_x \cdot t^2 + v_{x_0} \cdot t + x_0 + (a_x \cdot t + v_{x_0}) \cdot \Delta t + \frac{1}{2} a_x \cdot \Delta t^2$$

所以　　$x(t + \Delta t) - x(t) = (a_x \cdot t + v_{x_0}) \cdot \Delta t + \dfrac{1}{2} a_x \cdot \Delta t^2$

如此　　$v_x = \dfrac{dx}{dt} = \displaystyle\lim_{\Delta t \to 0} \dfrac{x(t + \Delta t) - x(t)}{\Delta t}$

$$= \lim_{\Delta t \to 0} \left(a_x \cdot t + v_{x_0} + \frac{1}{2} a_x \cdot \Delta t \right) = a_x \cdot t + v_{x_0}$$

即等加速度下，物體的速度為 $v_x(t) = a_x \cdot \text{t} + v_{x_0}$

又物體運動一開始時（ $t = 0$ ）， $v_x(0) = v_{x_0}$ ，也因此我們稱此常數 v_{x0} 為此運動物體的「起始速度」。

延續同樣的作法，我們將此瞬時速度對時間再微分一次，即物體位移對時間的兩次微分：

$$\frac{dv_x}{dt} = \lim_{\Delta t \to 0} \frac{v_x(t + \Delta t) - v_x(t)}{\Delta t}$$

$$= \lim_{\Delta t \to 0} \frac{a_x \cdot \Delta t}{\Delta t}$$

$$= a_x$$

如此我們已證明了 $x(t) = \dfrac{1}{2} a_x \cdot t^2 + v_{x_0} \cdot t + x_0$

為微分方程式 $v_x = \dfrac{dx}{dt}$ 之解。

　　同樣地，在物體一開始運動時$x(t = 0) = x_0$，此常數x_0便稱爲物體之「起始位置」。

（註：本書往後所遇見的微分計算，我們將只寫出其最後的結果。讀者若有興趣親手演練其計算過程，均可由此定義出發。當然如果讀者已學習過微積分的正式課程，則該知道如何快速地對函數微分，而不用凡事從定義開始。）

　　值得一提的是當物體在等加速度運動下，根據我們所得的解$x(t)$與$v_x(t)$，若彼此消去其中的時間變數則可得另一個式子：

$$x(t) = \frac{1}{2}a_x \cdot t^2 + v_{x_0} \cdot t + x_0$$
$$v_x(t) = a_x \cdot t + v_{x_0} \qquad \Rightarrow \quad v_x^2 = v_{x_0}^2 + 2 \cdot a_x \cdot (x - x_0)$$

　　讀者若還記得高一的基礎物理，對此三個方程式應感到眼熟，它們便是運動學中三個常用的等加速度運動之公式。

2.5 盜壘

　　好的座標選擇可簡化問題的處理。在盜壘的例子中，跑壘者僅是直線地向前奔跑，因此一維的座標系便已足夠描述盜壘者的運動。就以由一壘盜向二壘爲例，一壘壘包可設爲座標原點，如此由原點指向二壘壘包的直線便是我們的x-軸（Fig.2-7）。

　　座標系選擇好後，物理學家爲了能夠量化描述盜壘這個戰術，會習慣於設計一個簡單的模型來描述盜壘。首先把整個盜壘過程分爲四個步驟：

1. 離壘階段：站上一壘壘包的跑者為了要以最短的時間盜上二壘，很自然地想法是離一壘越遠越好，如此他就可以跑短些，快一點到達二壘。雖然只是一兩步間的差異，但盜壘的成功與否或許就是這些微的差異。但不幸的是，守備中的捕手與投手往往也是藉此離壘距離來判斷跑者的盜壘企圖。離壘過遠，也就無可避免地引起投捕間對跑者的格外注意。我們就令此離壘的距離為D_1。

2. 加速階段：當跑壘員開始起動他的盜壘，假設跑壘員以a_2的加速度由原先的靜止狀態開始加速起跑，若此跑壘員可持續加速的時間為Δt_2，如此在這段加速過程後跑壘員的速度可達v_3。則根據上節末的公式，速度v_3及跑壘員於此階段所跑的距離為：

$$v_3 = a_2 \cdot \Delta t_2 \qquad (2.9)$$

$$\Delta x_2 = \frac{1}{2} a_2 \cdot (\Delta t_2)^2 \qquad (2.10)$$

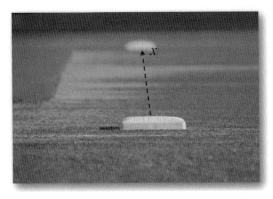

Fig.2-7　盜壘可視為跑壘員的一維運動。

3. 等速階段：根據對跑壘員的觀察，且我們也可理解，跑者不可能無限地加速下去，當跑者加速至他的極限速度v_3後，會以此v_3的速度跑一陣子。若此階段能持續Δt_3之久，如此跑壘員在此階段所跑出的距離為$\Delta x_3 = v_3 \cdot \Delta t_3$。

4. 滑壘階段：由於棒球規則的規定，跑壘員要安全盜上二壘或三壘，跑壘員就必須確確實實地先觸及並停留在壘包上，不能像跑一壘般地可衝過頭，因此盜壘的最後階段必定會包含一個滑壘的減速過程。但此階段的末速度不盡然是零，因為還有個壘包可供跑壘員利用，並將自己停留在壘包上。如此，我們假設此滑壘階段的時間為Δt_4、加速度為a_4（此值為負，所以習慣上稱為減速度。），末速度為v_4。則：

$$v_4 = v_3 + a_4 \cdot \Delta t_4 \qquad (2.11)$$

$$\Delta x_4 = v_3 \cdot \Delta t_4 + \frac{1}{2} a_4 \cdot (\Delta t_4)^2 \qquad (2.12)$$

（Fig.2-8）為盜壘四的階段的示意圖。也由於壘包間有一定的距離，因此我們有關係式：$D_1 + \Delta x_2 + \Delta x_3 + \Delta x_4 = 27.4\text{m}$。

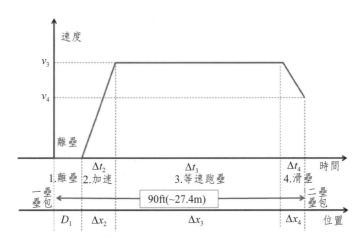

Fig.2-8　盜壘的四個階段與跑壘者速度大小與時間的關係圖。

> 我要我的選手盡可能盜壘，這樣會使對方投手為了制止盜壘，而加快投球節奏，也較常投直球。這將使我們的打擊者比較好打。
>
> ——前大聯盟捕手與教練Jeff Torborg

一個模型是否可行，最簡單的方法就是比對一下真實的測量數據。依此模型，美國加州州立大學的物理系教授David Kagan就對Carl Crawford於2009年5月3日平大聯盟單場盜壘六次記錄的第六次盜壘做了一個測量估算，其數據如表所示。若依表所列的變數把盜壘所需的時間寫出其表示式，經過一番的數學整理後可得：

$$T = \Delta t_2 + \Delta t_3 + \Delta t_4$$
$$= \frac{v_3}{2a_2} + \frac{27.4 - D_1}{v^3} - \frac{(v_4 - v_3)^2}{2v_3 \cdot a_4}$$

（2.13）

Carl Crawford於2009.05.03的第六次盜壘：

$D_1 = 4.14\text{m}$

$a_2 = 6.33\text{m/sec}^2$

$v_3 = 8.43\text{m/sec}$

$a_4 = -1.125\text{m/sec}^2$

$v_4 = 7.65\text{m/sec}$

最後，再將這些數據代入（2.13）式，我們便可估算Carl Crawford此次盜壘所花的時間為：$T = 3.457\text{sec}$。

或許你會感到一頭霧水，為什麼要這麼麻煩去計算盜壘所需的時間？沒錯，我們的確用了一個看起來有點複雜的方法去計算盜壘時間。若只想知道每位球員盜壘所需要的時間，拿個碼錶直接測量應是比較簡單的方法。但科學的分析畢竟有其優點，可讓我們更深入地探究問題背後所隱藏的蛛絲馬跡。就以我們所處理的盜壘為例，盜壘者當然是想越快到達二壘越好，那在盜壘的過程中哪一個變數比較重要呢？又常被人提及的離壘距離D_1真的有那麼重要嗎？

　Carl Crawford於2009年5月3日平了（近代）大聯盟單場盜壘六次的記錄。此處「近代」是指1900年後的記錄，因1900年前對盜壘的認定標準與現今的認定差異頗大，所以在談盜壘記錄時，我們一般是指1900年後的記錄。

・如何估算變數本身之相對變化對函數值的影響程度？

　　假設有一個函數$f(x)$，我們想知道當此函數的變數些微變化後，對函數值會有多少的影響，即$\Delta f(x) \equiv f(x+\Delta x) - f(x)$。我們可以如下的方法估算：

$$\begin{aligned}
\Delta f(x) &= \frac{f(x+\Delta x) - f(x)}{\Delta x} \cdot \Delta x \\
&= \left(\lim_{\Delta x \to 0} \frac{f(x+\Delta x) - f(x)}{\Delta x} \right) \cdot x \cdot \left(\frac{\Delta x}{x} \right) \\
&= \left(\frac{df}{dx} \cdot x \right) \cdot \boxed{\left(\frac{\Delta x}{x} \right)} \longleftarrow \boxed{\text{變數} x \text{之相對變化量}}
\end{aligned}$$

上式中我們應用到了微分的定義。

　　若函數本身不只一個變數，而我們想知道對某一特定變數單獨做些微變化後，對函數值會有多少的影響。例如我們想知道變數z的些微變化對函數$f(x,y,z)$的影響為何。則根據上面的結果，可表為：

$$\Delta f(x,y,z) = \left(\frac{\partial f}{\partial z} \cdot z\right) \cdot \left(\frac{\Delta z}{z}\right)$$

　　唯一的差別在於我們將原先微分的符號改成「偏微分」的符號。在上式中：

$$\frac{\partial f}{\partial z} \longleftarrow$$ 函數$f(x, y, z)$對變數z的偏微分，即微分時將其它的變數（x與y）視為常數。

有一次玩棒球，我盜上了二壘，
但心裡感到一種罪惡與不安，於是我又跑回一壘。
—— 美國知名導演與演員　伍迪艾倫

　　讓我們回到前面盜壘的問題上。在（2.13）式中，我們得知盜壘所需的時間為$T = T(D_1, a_2, v_3, a_4, v_4)$，雖然我們看見了影響盜壘時間的變數有許多，但道理是一樣的，利用我們剛才所介紹的方法，各變數之相對變化量對盜壘時間的影響評估為：

$$\Delta T = -\left(\frac{D_1}{v_3}\right) \cdot \frac{\Delta D_1}{D_1} = -0.50 \cdot \frac{\Delta D_1}{D_1} \qquad （2.14）$$

$$\Delta T = -\left(\frac{v_3}{2a_2}\right) \cdot \frac{\Delta a_2}{a_2} = -0.67 \cdot \frac{\Delta a_2}{a_2} \tag{2.15}$$

$$\Delta T = \left(\frac{v_3}{2a_2} - \frac{27.4 - D_1}{v_3} + \frac{v_4^2 - v_3^2}{2v_3 \cdot a_4}\right) \cdot \frac{\Delta v_3}{v_3} = -1.39 \cdot \frac{\Delta v_3}{v_3} \tag{2.16}$$

$$\Delta T = \left(\frac{(v_4 - v_3)^2}{2v_3 \cdot a_4}\right) \cdot \frac{\Delta a_4}{a_4} = -0.03 \cdot \frac{\Delta a_4}{a_4} \tag{2.17}$$

$$\Delta T = -\left(\frac{v_4 \cdot (v_3 - v_4)}{v_3 \cdot a_4}\right) \cdot \frac{\Delta v_4}{v_4} = -0.63 \cdot \frac{\Delta v_4}{v_4} \tag{2.18}$$

（2.14）～（2.18）式中，我們已代入對Carl Crawford之盜壘的觀測值，其結果可知：跑者本身的速度還是盜壘成功與否的最大關鍵，這符合我們的直覺。但離壘距離的重要性可能就被高估了，在我們的估算中，離壘距離即便增加了50%（$\Delta D_1 / D_1 = 50\%$），盜壘時間也僅減少0.25秒。然而，徒增的是防守球員對你盜壘企圖的防備。

Fig.2–10　大聯盟史上最會盜壘的選手——Rickey Henderson。在他25年（1979-2003）的選手生涯中，總共盜壘成功1,406次。遠多於排名第二的Lou Brock（938次）。你可知道誰是台灣職棒史上的盜壘王？

2.6 牛頓的三個運動定律

對物體運動的理解，伽利略已由亞里斯多德學派的邏輯思辯轉為對實際物理量的測量，並尋找不同物理量間的數學關係式。這工作可是徹底改變了我們對自然現象的研究方法，也因此讓伽利略擁有「現代科學之父」的尊稱。然而對物體運動之研究方法提出一個整體架構的人則是落在牛頓的身上，現今若想要探究物體之運動，已不可避免得依循牛頓的三個運動定律。也因此我們有必要對這三個定律做一說明：

第一運動定律（慣性定律）：

物體在沒有外力的作用下，此物體將會保持原有的運動狀態。也就是說，如果物體運動的速度改變，無論是速度的大小或是方向上的改變，則此物體必定有受到一個淨合力不為零的力作用。

第二運動定律：

物體所受到的淨合力，正比於此物體速度對時間的變化率（即此物體的加速度），而其正比的比例常數可定義為此運動物體的質量，即

$$\vec{F} \propto \vec{a} \Rightarrow \vec{F} = m\vec{a} \qquad (2.19)$$

也有不少人將此定律視為是「力」的「操作型定義」。藉由對物體質量與加速度的實地測量，我們可明確地訂出力的大小

與方向。在M.K.S制下的單位，質量m為公斤（kg），加速度$\vec{a}$為秒平方之公尺（m/sec^2），所以力$\vec{F}$的單位為質量與加速度此兩單位之乘積kg・m/sec^2，方便上我們便將此單位組合稱為「牛頓」（以nt表示），即nt$\equiv$kg・m/sec^2。

・Philosophiae Naturalis principia Mathematica (1687)

對物體運動的理解，已由伽利略的運動學轉變成牛頓的動力學（dynamics）

Isaac Newton 1642~1727

Fig.2-11　牛頓力學下的月亮，就像是一顆永遠不落地的蘋果。這告訴了世人，天上星球的運動與我們地表上的物體運動，有同樣的道理可解釋！這不僅是科學上的一大成就，也促成西方理性主義的興起。

　需提醒讀者的是根據「力」的定義，我們知道「力」是一個向量，其方向與加速度的方向相同。又（2.19）中的$\vec{F}$是指物體所受到的淨合力，也就是說物體可同時受到許多不同各別的力作用，而這裡我們所關心的是這許多不同力作用的總和。

第三運動定律（作用力與反作用力定律）：
　當兩物體A與B相互作用，若物體A受到物體B所施與的一個

作用力（無論此作用力是靠兩物體間的接觸碰撞、或是兩物體間非直接接觸的重力吸引或電磁力等等任何形式的力作用），則物體B也同時會受到物體A所施與的一個大小相同，方向相反的作用力。

我們就以棒球打擊來說明此第三運動定律。當球棒擊到球的瞬間，球棒因撞擊施與棒球一個作用力 $\vec{F}_{\text{bat}\rightarrow\text{ball}}$，同時棒球也必定會施與球棒一個反作用力 $\vec{F}_{\text{ball}\rightarrow\text{bat}}$，這兩個力大小相等方向相反，即

$$\vec{F}_{\text{bat}\rightarrow\text{ball}} = -\vec{F}_{\text{ball}\rightarrow\text{bat}} \qquad (2.20)$$

必須注意的是此成對出現的兩個力是作用在不同的物體上。在我們的例子中一個力是作用在棒球上，而另一個力則是作用在球棒上，因此雖然是大小相等方向相反，但卻不能互相抵消。

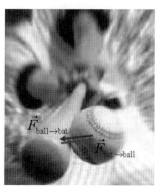

Fig.2-12　作用力與反作用力。此兩力是作用在不同的物體上，因此不能相互抵消。

最後，我們不妨對第一與第二運動定律再做一點小小的註解。由於質量爲物體的內存性質，其大小不會因爲物體受力的狀態不同而有所改變。所以當物體所受到的淨合力爲零時，（2.19）式所要告訴我們的是此物體的運動速度，無論是大小或是方向均不會改變。即：

$$\vec{a} = \frac{d\vec{v}}{dt} = 0 \Rightarrow \vec{v} = \text{constant} \qquad (2.21)$$

這也正是第一運動定律想要告訴我們的：當物體所受到的淨力總和爲零時，若此物體本就靜止不動，則此物體會永遠的保持不動。反之，若物體原先不是在靜止的狀態下，物體的運動形式必定是沿直線方向的等速度運動。換句話說，當物體上的淨力總和爲零時，物體會保持它原有的運動狀態，這也是爲什麼我們稱此第一運動定律爲「慣性定律」的原因。

如此，第一定律實則是讓我們藉由物體運動速度的改變與否，來判斷物體是否有受到一個淨力的作用。若有，再藉由第二定律對力的定義，我們便可給出力的大小與方向。這也就是爲什麼我們之前所說的：力的「操作型定義」。

2.7 牛頓之重力理論

在牛頓的力學體系中，除了上節所述的三個運動定律外，牛頓最大的貢獻應該是提出一個宇宙間普遍存在的重力理論，一般

人稱之為「萬有引力定律」。因為這個理論告訴我們，任何兩個有質量的物體間必定相互受到一個吸引的力，此力的大小正比於這兩物體個別質量的乘積，但反比於兩物體間相隔距離的平方。

如（Fig.2-13）所示，兩物體之質量分別為M與m，其相對位置間的距離為r。精確地說，r為兩物體各別質量中心間的距離。則物體m會受到物體M的重力吸引，其大小與方向為

$$\vec{F}_{M \to m} = -G\frac{Mm}{r^2}\hat{e}_r \qquad (2.22)$$

式中的$\hat{e}_r$為由M指向m的單位向量，負號代表此重力永遠是一吸引力，而G為萬有引力常數，此常數在M.K.S.制下的大小為

$$G = 6.674 \times 10^{-11} \text{nt} \cdot \text{m}^2/\text{kg}^2 \qquad (2.23)$$

根據牛頓的第三運動定律，我們也知道物體M同時也會受到物體m的重力所吸引，且大小相等方向相反。

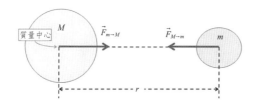

Fig.2-13 兩物體之間必定相互受到重力的吸引。

值得一提的是，在上面的定律中，我們均將物體視為理想

化的質點。也就是說這些物體雖然有質量，但卻不具有實質的體積大小。對物體這樣的概念當然與我們實際生活上的物體不同，為解決此問題所帶來的困擾，我們就必須引進「質量中心」（Center of Mass, C.M）的概念。對均勻球體來說，我們不難理解此「質量中心」會在球體的球心位置。至於像是球棒一般的物體，「質量中心」的位置就必須仔細推敲了，我們也就把這「質量中心」的議題延至討論球棒時再適時地介紹。在此我們僅需有個概念，對於一個任意形狀的物體，在談其運動軌跡時，我們所指的是此物體質量中心的運動軌跡。

• 地球與棒球間的重力

讓我們來考慮地球表面上一顆棒球的自由落體運動（Fig.2-14）。明顯地，圖中我們沒有按照地球與棒球的實際大小比例來畫。同時為簡化問題的複雜性，我們不考慮地球的自

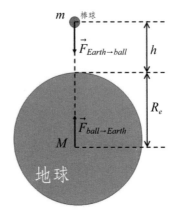

Fig.2-14　地球與棒球間的重力。

轉，並且假設地球與棒球均是完美的均勻圓球，如此它們各自的質量中心位置便是在它們各自的球心處，而地球對棒球的重力引力為

$$\vec{F}_{Earth \to ball} = -G \frac{M_e m}{(R_e + h)^2} \hat{e}_z \qquad (2.24)$$

式中的單位向量$\hat{e}_z$為垂直地表向上之方向，所以負號代表作用在棒球上的重力是朝下。又地球半徑R_e約略六千四百公里，至於棒球距地表海平面的高度，即便是在海拔最高的埃弗勒斯峰上也低於十公里。因此若不求太精確的計算，我們可忽略掉（2.24）中分母內棒球的位置高度h，即

$$\vec{F}_{Earth \to ball} \approx -G \frac{M_e m}{R_e^2} \hat{e}_z \equiv m \cdot \vec{g} \qquad (2.25)$$

也由於萬有引力常數G、地球質量$M_e \approx 5.97 \times 10^{24}$kg與地球半徑$R_e \approx 6.37 \times 10^6$m均可視為不變的常數，我們就將其組合以$g$來表示，稱為「地球表面的重力加速度」：

$$\vec{g} \equiv -G \frac{M_e}{R_e^2} \hat{e}_z \approx -9.8 \hat{e}_z (\text{m/sec}^2) \qquad (2.26)$$

至此，我們可有領會到牛頓的偉大貢獻？對物體運動的研究，雖然伽利略開起了現代科學之門。但在伽利略的眼中，天體的運行與地表上的物體運動還是有截然不同的屬性。但在牛頓的

重力理論中，牛頓已將天上行星所運行的道理與地面上的物體運動原理合而為一，這可是人類在認識宇宙上的一大躍進！

　　讓我們再把問題拉回棒球場上：在美國大聯盟中最著名的高海拔球場是位於科羅拉多州丹佛市的庫爾斯球場（Coors Field），海拔約略1,600公尺。在我們的估算中，雖說高海拔所造成的重力加速度之影響可忽略不計。但在大聯盟的1993年球季，主場的洛磯隊與來訪的球隊在這庫爾斯球場中還是合力擊出了303支全壘打，這可是單一球季中於單一場地所擊出的全壘打最高記錄！也別忘了，這個球場的全壘打距離可是比一般的球場都來的遠，高海拔的庫爾斯球場看來是真的比較容易打出全壘打，既然不是重力的影響，那會是什麼因素呢？

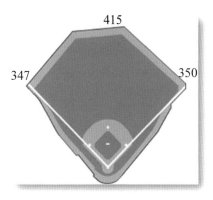

Fig.2-15　位於科羅拉多丹佛市的庫爾斯球場。

伽利略的眼睛

　　自然現象的描述總是千頭萬緒，不知從何說起。甚至同樣的現象遇見不同的思維腦袋，所看見的結果、所發展出的理論圖像也會完全的不同。那自然界的表徵，到底什麼才是重要的呢？伽利略的眼睛看不見空氣的阻力干擾，但物體的運動現象在這看似有點遲鈍的眼中，卻恰好發展出一套正確的理論與研究哲學。不僅如此，伽利略還把一顆在空中飛行的球，看成是兩顆假想球分別在兩個獨立方向（水平與垂直）的運動合成。這方法不僅行得通，在推論過程中還充分揭露出大自然喜歡「簡單」的原則。

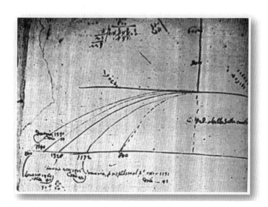

Fig.2-16　伽利略對拋體運動的研究手稿。

Chapter 2

2.8 理想狀況下的棒球飛行

　　本章的最後，我們將根據前面所介紹的力學原理，來探索棒球的飛行軌跡，看棒球可飛行多遠。也正如同標題所要強調的「理想狀況」，此乃指我們不去考慮真實世界中棒球飛行所必然受到的空氣阻力，同時也忽略掉棒球本身自旋所引起的效應。雖然在如此理想化的限制下，其分析結果必定會使棒球的運動軌跡失去真實性。但我們還是有必要由此做為我們之後探究棒球飛行的起點。一來可藉此簡化過的問題好讓我們熟悉物理解析的要領；再來也可讓我們根據平常的看球經驗，比較真實與理想狀況下的棒球飛行軌跡之異同，從中體會一下真實世界中不同因素對棒球飛行的影響程度。

　　以下便是我們以物理學原理來解析物體運動的幾個標準步驟：

• 步驟一：分析物體所受到的力，並寫出其運動方程式。

　　在物理教學經驗中，常發現一個物理初學者所常犯的一個錯誤觀念：錯認向上拋的物體除了受到向下的重力外，還受到一個往上拉的拉力（或諸如此類讓物體上升的力）。也有許多的研究者發現，學生對此「力之解析」的錯誤概念不僅普遍存在，而且還是根深蒂固地如此認為。這也可解釋為什麼會有這麼多的學生認定物理是門困難的學科，畢竟它與我們人類的直覺認知不是真的太吻合。也是如此，更讓我們不得不佩服伽利略的見解。

假設不考慮球飛行時球所受到的空氣阻力，也不考慮球會自旋。那麼此球在此刻還受到什麼樣的外力作用？

Fig.2-17　物理學中對物體運動的研究，第一步就是找到此物體所受到的力。

在我們棒球飛行的例子中，也將會遇見一模一樣的問題：為解析棒球的飛行軌跡，我們便得分析棒球於任何時刻所受到的力為何。而在「理想狀況」下，我們已將問題給了一個簡化的前題，即不考慮空氣的阻力與棒球的自旋效應，如此棒球於任何時刻所受到的力也就僅有地球與棒球間的吸引力（即：重力）而已（Fig.2-18）。一旦有此認識，則棒球飛行的運動方程式便可輕易地寫出：

$$m \frac{d^2\vec{r}}{dt^2} = m\vec{g} \qquad (2.27)$$

• 步驟二：設定好適當的座標系，並將運動方程式根據所選定之座標軸寫出其對應方向之方程式。

為求一致，這裡我們可依據（Fig.2-3）所設定的座標系來

分解（2.27）式之運動方程式，其結果為：

$$m\frac{d^2x}{dt^2}=0 \; ; \; m\frac{d^2y}{dt^2}=0 \; ; \; m\frac{d^2z}{dt^2}=-mg \qquad （2.28）$$

不難看出，（2.28）式中對應於三個座標軸方向之運動方程式均為等加速度運動，其解也已於2.4節中給出。但值得注意的是在x與y方向的加速度為零，所以在棒球的整個飛行過程中，速度於此兩方向上的分量均不會改變。所以若調整我們的座標軸方向使棒球初速度的水平分量於x方向上，則y方向的速度分量便始終為零（$v_y(t)=0$）。也就是說，此棒球的運動至始至終均局限於$x-z$平面上，如此我們便把三維空間中的物體運動軌跡化簡為一個標準的二維問題。這再次驗證我們之前所說的，好的座標選擇可簡化我們的問題。

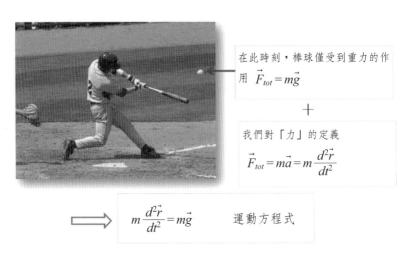

在此時刻，棒球僅受到重力的作用 $\vec{F}_{tot}=m\vec{g}$

$+$

我們對「力」的定義

$$\vec{F}_{tot}=m\vec{a}=m\frac{d^2\vec{r}}{dt^2}$$

$$m\frac{d^2\vec{r}}{dt^2}=m\vec{g} \qquad 運動方程式$$

Fig.2-18　理想狀況下棒球飛行之運動方程式。

- 步驟三：對步驟二所寫出的運動方程式求解。

延續我們於步驟二所選定的座標系，其解：

x方向，不受力，所以棒球於此方向以等速前進。

$$v_x(t) = v_{x_0} \qquad\qquad (2.29)$$

$$x(t) = x_0 + v_{x_0} \cdot t \qquad\qquad (2.30)$$

z方向，僅受重力的影響，所以棒球於此方向為一自由落體。

$$v_z(t) = v_{z_0} - g \cdot t \qquad\qquad (2.31)$$

$$z(t) = z_0 + v_{z_0} \cdot t - \frac{1}{2}g \cdot t^2 \qquad\qquad (2.32)$$

假若打擊者將球擊出的瞬間，球以仰角θ之初速度（$\vec{v_0}$）飛出，則上式的解所包含的初速度分量便為$v_{x0} = v_0\cos\theta$與$v_{z0} = v_0\sin\theta$。

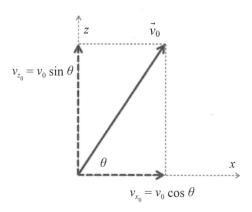

Fig.2-19　棒球被擊出瞬間的初速度。

- 步驟四：根據運動方程式的解與物體運動的起始條件，探討有趣的現象。

續上，棒球的飛行距離可如下算出：先假設棒球在空中的飛行時間為T，亦即球被擊出後需再經時間T後，球才會再次的著地，所以

$$z(T) = z_0 + v_{z_0} \cdot T - \frac{1}{2}g \cdot T^2 = 0 \qquad (2.33)$$

我們雖然可對此方程式直接求解T，但考量到打擊者的擊球點高度約略會在地面上一公尺左右（$z_0 \approx 1\text{m}$），此高度與高飛球可飛達的高度相比是非常之小，也因此棒球著地前最後一公尺高度所花費的飛行時間必定很短，至少與棒球整體飛行的時間相比應可忽略。於是計算上的方便，我們可令$z_0 = 0$，則（2.33）式的解便可輕鬆得到

$$z(T) \approx T \cdot \left(v_{z_0} - \frac{1}{2}g \cdot T \right) = 0 \Rightarrow T = 0 \text{ or } \frac{2v_{z_0}}{g} \qquad (2.34)$$

其中$T = 0$，此解所對應的時間為打擊者擊中球的那一時刻，這個解明顯不是我們所想要的解。也因此，棒球在空中飛行的時間應為$T = 2v_{z_0}/g$。

有了棒球飛行的時間，再將此時間直接代入（2.30）式便可獲得此棒球的飛行距離

$$R \equiv x(T) = v_{x_0} \cdot \frac{2v_{z_0}}{g} = \frac{2v_0^2 \sin\theta\cos\theta}{g} = \frac{v_0^2 \sin 2\theta}{g} \quad （2.35）$$

（註：打擊位於本壘處，所以 $x_0 = 0$。）

毫無疑問地，初速度越快，棒球將可飛得越遠，但也與棒球飛行之起始仰角有關。也就是說，打擊者若要把球擊的遠，除了盡力揮擊外，還要有好的擊球角度。

那我們想知道：

・在一定的初速度下，棒球一開始的飛行仰角要多少才可讓這棒球飛的最遠？

由於正弦函數的最大值為+1，且發生在函數幅角為90°時（即角徑度量 $\pi/2$），所以由（2.35）式可知：當打擊者以45°（角徑度量 $\pi/4$）將球擊出，此棒球將可飛行最遠。

・同時根據我們的估算，這棒球到底可以飛行多遠？

據測量大聯盟的打擊者所擊出去的球，其初速度可高達時速一百一十英里以上。即便如此，我們還是保守點地用時速一百英里（$v_0 = 100$mph）的飛球來計算（換算成公制 $v_0 = 160$km/hr ≈ 44.4m/sec），則此飛球最遠可飛

$$R_{max} = \frac{v_0^2}{g} \approx \frac{(44.4\text{m/sec})^2}{9.8\text{m/sec}^2} = 201.2\text{m} \quad （2.36）$$

201.2公尺（近661英尺）！明顯地，在真實的棒球場上，這樣的飛行距離是你我不曾看見過的大號全壘打。一般球場中外野的全壘打牆約略是120公尺左右（近400英尺），如此這顆

飛球勢必會遠遠地越過所有球場的全壘打牆，可說是支超級超級大號的全壘打。事實上，在真實棒球場上這是不可能被擊出的距離。原因很簡單，我們忽略掉空氣阻力的影響。而且由這個例子，我們也可推論：在真實的棒球場上，棒球飛行所受到的空氣阻力是很大的！

此圖給我們的推論為何？

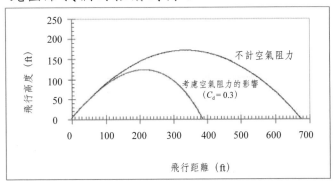

初速度=100mph（44.44m/sec）；拋射角度=45°（不考慮棒球的自旋）

Fig.2-20　一個明顯的事實，棒球飛行時所受到的空氣阻力是不可被忽略的。這事實可能與我們在物理課堂上所遇見的例題不同。由於加入空氣阻力的考量後，不僅數學上的難度增加。事實上，除了少數例子外，更大的問題是物體之運動方程式沒有一個可解析的精確解。於是物理課堂上的物體運動多半就不去理會空氣阻力的存在，有時還補上一句，空氣阻力可忽略不計。久而久之，我們還真的以為空氣阻力在現實生活中不會很大。好在我們棒球迷熟知棒球的飛行距離，對於這個範例的結果，我們立刻知道——空氣阻力真的不小！

我們該如何欣賞數學之美

最後想與讀者一提的是（或許大家也早已聽說）：理想狀況下的棒球飛行軌跡是一條拋物線。這證明可將（2.30）式與（2.32）式中的時間參數相互消去而獲得驗證：

$$x(t) = x_0 + x_{x_0} \cdot t$$

$$z(t) = z_0 + v_{z_0} \cdot t - \frac{1}{2} g \cdot t^2 \quad \Rightarrow \quad z = -\frac{1}{2} g \left(\frac{x - x_0}{v_{x_0}} \right)^2 + v_{z_0} \left(\frac{x - x_0}{v_{x_0}} \right) + z_0$$

右邊的公式即為拋物線的公式。想必大半的讀者早已忘記或不曾記過此方程式！對大多數的人來說，這樣的記憶也真的不重要。但如果我們能夠體會辛苦推演所得到的「拋物線」方程式，或是更進一步地憶起哥白尼對我們太陽系所提出的「圓」軌道，與克卜勒對火星所精確計算而得到的「橢圓」軌道，均是屬於千年前數學家所發展出的一個理論。這理論告訴我們，無論是「拋物線」、「圓」、或是「橢圓」，均是對一個圓椎體的不同切法所產生的不同曲線，而我們統稱這些不同切法所得的不同曲線為「圓椎曲線」。我們不得不驚嘆，大自然的法則為什麼會與「數學」如此地貼近！有此體驗，我們如何不被數學之美所吸引。

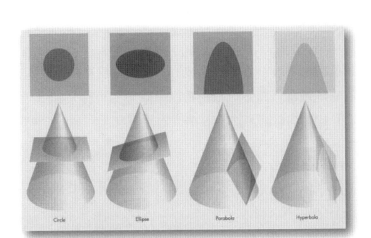

Fig.2-21　對一圓椎體不同切法所得到的不同曲線，我們統稱為「圓錐曲線」。

Chapter 3

作用於飛行棒球上
的力

　　為什麼？……為什麼？……為什麼？想必每個人都有過的經驗，原本看來平凡無奇的事物，被連續追問三個為什麼之後，一切都變得困難起來。一般人的態度就是算了，知道這麼多幹什麼呢？小孩子除外！改變二十世紀物理面貌的愛因斯坦也曾這樣指出——小孩子常問一些像是光、時間與空間等等的問題，但大人總覺得這僅是些幼稚的問題，在接受一般的標準答案後，就不再質疑同樣的問題了。而他因為智能發展較晚，所以長大後還是會想著同樣的問題，自然地有辦法想得比兒童更多更深入——這當然是愛因斯坦慣常的幽默，以調侃自己的方式來指出問題核心。也好在有人不斷地追問為什麼，還深信我們的大自然是可被理解的，就憑著這樣的好奇心與信念，孕育了科學的發展！

　　對於棒球的飛行，我們也只不過是想問棒球怎麼飛？為什麼會有空氣阻力？又為什麼會有變化球？沒錯，就是一些小孩子也感到好奇的問題。為回答這些問題，想要有一個較為滿意的答案，我們便會遇見一個古老卻又生氣勃勃的科學領域——流體力學。也藉由這門學問，來探究一下棒球周遭氣流對棒球的飛行到底有何影響。

Fig.3-1　即便在家中，我們還是可以輕易地以一些方式，看見氣流遇見棒球的流動方式。

3.1 「飛行」棒球上的力有哪些？

棒球飛行時會受到哪些力的作用呢？簡單說，只要你是站在地球的表面上打球，作用在棒球上的力就逃脫不了重力與空氣阻力（drag）的作用。其中重力的方向必定朝下，而空氣阻力的方向會與球的飛行方向相反。若此飛行的棒球，本身還有自旋的運動，則除了重力與空氣阻力外，此棒球還受到一個叫「馬格納斯力」（Magnus force）的作用，此力的方向會與棒球本身的飛行方向及其自旋方向有關。就以（Fig.3-2）為例，此逆旋（backspin）的棒球會受到一個向上的馬格納斯力。

當然了，若要嚴格檢視作用於棒球上的力，或許我們還可列舉出許多不同的力。像是因為地球自轉而出現的科氏力（Coriolis force），或棒球於空氣流體中所必然存在的浮力（buoyancy force）等等。但這些力的大小若與棒球飛行時所受到的重力、空氣阻力與馬格納斯力相比，則均太小而可被忽略不計。這也告訴我們物理學家處理真實世界之複雜現象的一個哲學，抓住重點的因素討論，遠比窮究一些細節來的重要許多。

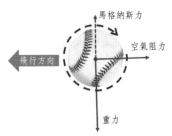

Fig.3-2　水平飛行的逆旋球，其所受到之重力、空氣阻力與馬格納斯力。

3.2 空氣是一種流體

科學上的探討就如小朋友所慣常追問的「為什麼？」，在知道棒球於飛行時所受到的力之後，我們當然還想知道這些力的來源為何？

重力——毫無疑問地，它來自於地球與棒球間的吸引力。在上一章介紹牛頓重力理論時也已告訴我們，任何兩個質量不為零的物體間，必定存在一個彼此吸引的重力，且這重力是絕無方法可避開的。至於其它兩個力——空氣阻力與馬格納斯力——的來源可就不再那麼容易解釋了。且為了解釋它們的來源，我們就得把空氣視為流體才行。如此棒球的飛行就如同一個物體於流體中的運動一般，若能了解棒球與空氣流體間的交互作用，那我們就應該可以解釋空氣阻力與馬格納斯力的來源。

流體的定義

任何無法保持其外在形狀的物質均可稱為「流體」（fluid）。

毫無疑問地，空氣就如水一般無法保持一定的形狀，可任意隨裝盛容器的形狀改變而改變。所以在此定義下，空氣是不折不扣的流體。即便在微觀的尺度下，空氣是由一顆顆隨意飛行的氣體分子所組成，但只要是我們所感興趣的尺度大小（棒球的大小），遠大於氣體分子間彼此兩次碰撞所能飛行的平均距離，即

Chapter 3

所謂的「平均自由路徑」（mean free path），我們便無法察覺到一顆顆氣體分子的撞擊，而可將一顆顆氣體分子所組成的空氣視為連續的流體。

Fig.3-3　空氣分子於一般環境下的平均自由路徑約為10^{-8}公尺，這小於棒球的大小尺寸。

　　既然在巨觀的尺度下我們可以將空氣視為一流體，那空氣或氣流的狀態就可以用幾個巨觀上的可觀測量來描述：例如氣流中每一位置的密度、壓力、速度、或是溫度等等，通常我們就將這些巨觀上的可觀測量稱為此流體系統的「狀態變數」（state variable）。至於要多少個狀態變數才夠，則端看我們想要描述的現象需要而定。

　　我們常聽到人們以「流線」（streamline）來描述空氣的流動（簡稱「氣流」），使用「流線」的概念也很符合我們的視覺想像，讓我們可輕易地想像出空氣的流動。但「流線」是什麼？

流線（streamline）

對於一流動中的流體，空間上的每一點都有它獨特的狀態變數，也包含流體分子於此空間點上的速度。但別忘了，速度是一種向量，如此在彼此緊鄰的空間點上，可找出一條類似空中拋體運動所畫出的軌跡，其軌跡上各點之速度（方向為軌跡之切線方向）符合此流體分子於空間點上的速度，則此「軌跡」即為我們所指的流線。此流線的概念亦可延伸到二維的流層（layer）。

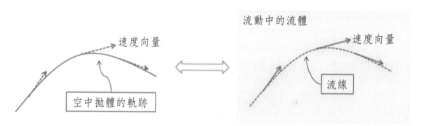

Fig.3-4　空中拋體之軌跡與流動中的流體流線。

🧢 3.3 「流體力學」的小簡介

既然，棒球飛行時除了受到地球吸引的重力外，其餘重要的作用力均來自於棒球與空氣流體間的交互作用。那麼要去探討棒球飛行的物理學，流體力學的基本知識是需要的。事實上，牛頓在他的巨作《自然哲學之數學原理》一書中的第二卷，便是討論

物體於阻滯介質中的運動。且伴隨著歐洲海洋時代的來臨，在牛頓過世後的百年間，無論是白努利（Daniel Bernoulli, 1700～1782）、達蘭伯特（Jean le Rond d'Alembert, 1717～1783）或是歐拉（Leonhard Euler, 1707～1783）等人均以牛頓力學爲出發點對流體力學做出重要的貢獻。

理想流體（ideal fluid）

凡不具有黏滯性（指流體流動時，流體內部沒有摩擦力存在）與不可壓縮性（指流體之密度爲一定值，無法改變）的流體，我們稱之爲「理想流體」。

・白努利定律（Bernoulli's Principle）

對一個穩定流動的理想流體，同一流線上的任意點有下式之關係

$$P + \frac{1}{2}\rho \cdot v^2 + \rho \cdot g \cdot h = 定值 \qquad (3.1)$$

式中 P, ρ, v, h 分別爲流線上任意點之壓力、密度、速率與高度（Fig.3-5）。所以此定律告訴我們：當流體於同一高度流動時，同一流線上的每一點，流速越快，其所對應的壓力就會比較小。

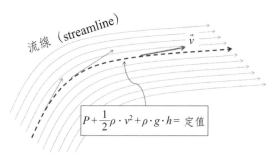

流線（streamline）

$\vec{v}$

$$P + \frac{1}{2}\rho \cdot v^2 + \rho \cdot g \cdot h = 定值$$

Fig.3-5　對理想流體而言，白努利定律實為「能量守恆定律」的陳述。

・歐拉方程式（Euler's Equation）

　　除了較常被人提及的白努利定律外，值得一提的是歐拉對流體所提出的見解。為了對流體建立起適當的數學模型，歐拉將流體視為一群無限小的流體單元，單元與單元之間是彼此緊鄰的連續運動。再根據牛頓力學的第二定律與質量守恆原理，歐拉開創了理論流體力學中的重要里程碑——「歐拉方程式」。方程式中歐拉以流體之壓力（P）與速度（$\vec{v}$）在空間位置上的變化量來描述流體之運動行為，

$$\rho\left[\frac{\partial \vec{v}}{\partial t} + (\vec{v} \cdot \vec{\nabla})\vec{v}\right] = -\vec{\nabla}P \qquad (3.2)$$

其中ρ為流體於此空間點上之密度。雖然有了此研究「理想流體」的方程式，但此歐拉方程式實為一組耦合的非線性微分方程組，因此即便在歐拉的流體模型中並沒有納入真實流體所存有的

黏滯性（viscosity），但除了少數特殊的例子外，若要去對歐拉方程式求得一般解，在當時沒有電腦運算的年代實是相當困難的工作。

Archimedes
287～212B.C.

Isaac Newton
1642～1727

Daniel Bernoulli
1700-1982

Jean le Rond d'Alembert
1717-1783

Leonhard Euler
1707-1783

Claude-Louis Navier
1785-1836

George Stoke
1819-1903

Fig.3-6　古典流體力學中的重要貢獻者。

真實流體（real fluid）

　　真實流體與理想流體間的最大差別在於真實流體具有黏滯性。此黏滯性（viscosity）可視為流體內部的摩擦力，用以抵抗流體流動的特性。一般而言，緊鄰的流層之間會存有剪應力（shear stress），進而造成不同流層上不同的流速，這也是真實流體之黏滯性的由來。

註：何謂「剪應力」？我們稍後會介紹。

　　至於不同流體的黏滯性大小，則可藉由下面對「黏滯係數」的定義獲知。如（Fig.3-7）所示，我們在兩平行木板間注入靜止的流體後，下層木板A保持不動，而上層木板B則以V的速度向右移動。我們會發現鄰近下層木板A的流體幾近保持靜止，而鄰近上層木板B的流體則因與木板間的摩擦力而以近V的速度同樣向右移動。這將導致流體間出現相應的剪應力τ，流體速度也會隨高度不同而不同$v(y)$（流層出現）。如果我們所要面對的流體是水或大部分的氣體，則剪應力大小會正比於速度大小隨垂直高度的變化率：

$$\tau = \eta \frac{\partial v}{\partial y} \tag{3.3}$$

我們就定義上式中的比例常數η為「黏滯係數」（coefficient of viscosity）。當流體的黏滯係數越大，此流體的黏滯性也就越大。空氣於20℃時的黏滯係數為$\eta = 1.84 \times 10^{-5} \text{kg/m} \cdot \text{sec}$。對一般氣體而言，此黏滯係數會隨溫度的升高而增大。

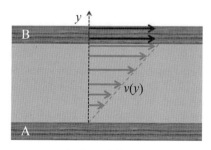

Fig.3-7　流體黏滯性所造成的現象。

・納維－斯托克斯方程式（Navier-Stoke Equation）

　　至於若要把真實流體所具有的黏滯性也考慮進來，則要等到納維（Claude-Louis Navier, 1785~1836）於1822年的研究結果。同樣的研究，斯托克斯（George Stokes，1819~1903）在稍後的1845年也獨立完成。今天我們便把此兩人的工作結果合稱為「納維－斯托克斯方程式」（Navier-Stokes equation）：

$$\rho\left[\frac{\partial \vec{v}}{\partial t}+(\vec{v}\cdot\vec{\nabla})\vec{v}\right]=-\vec{\nabla}P+\vec{\nabla}\cdot T+\vec{f} \qquad (3.3)$$

式中T為流體之應力張量（stress tensor），$\vec{f}$則為作用在單位流體上之實質作用力（body force），例如：重力等等。

> **應力張量（stress tensor）T：**
>
> 　　拿大家都玩過的黏土來說（對所有會形變的物體均適用），當我們去壓黏土時，黏土除了在我們所壓的方向凹陷之外，還會往周遭側邊突出。這代表黏土內部所受到的力並不單純地僅在我們所壓的方向。事實上，我們的擠壓會牽引出黏土內部許多方向的力出現，如此相應出現的力也就是我們稱之為「應力」的原因。這是一個很複雜的問題！黏土內部的每個位置所受到的力，也無法簡單地以三個垂直方向的力就可描述，我們非得引進一個稱為「應力張量」的張量（tensor）不可。

習慣上的稱呼：

侷限在一維線上的應力，我們通稱為張力（tension）。

侷限在二維表面上的應力，我們通稱為剪應力（shear stress）。

三維物體內的應力，即稱為應力張量（stress tensor）。

　　隨著自然現象的複雜性增加，為精確描述現象所對應的物理量，我們便得引入一些更高深的數學語言來達成我們對物理量的描述。如此純量、向量、張量的概念也就依續地進入物理界。

　　原則上，納維－斯托克斯方程式已完全描述了古典流體之流動現象。也就是說對於棒球的飛行，我們可藉由此方程式去計算球面上各點之壓力與剪應力（shear stress）。此球面上之剪應力亦可視為棒球與空氣接觸面上之摩擦力，方向會是棒球球面之切面方向，如（Fig.3-8）所示。一旦得知球面上各點之壓力與剪應力，再透過對整顆棒球表面的面積分，則此飛行的棒球，其所受到的氣動力（aerodynamic force）也相應可被計算出來。

　　但棒球的飛行真的能以納維－斯托克斯方程式來求得嗎？很可惜，如此直接地求解到目前為止還是一個未能完成的任務。棒球表面所出現的剪應力當然是一個難題，處理上我們已不能把流經棒球表面的流體視為無黏滯性的理想流體，而必須直接面對流體黏滯性的存在，這也是流體力學在理論分析上的困難所在。更別提在真實的棒球飛行中還會有亂流的產生。

　　納維－斯托克斯方程式提出後，此分析上的困境持續了

將近數十年之久。終於在1905年普朗特（Ludwig Prandtl, 1875~1953）提出邊界層（boundary layer）的概念後有了新的發展（Fig.3-9）。

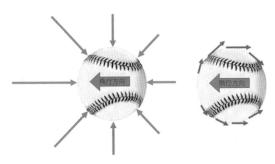

Fig.3-8 （左圖）為棒球在空氣流體中飛行時，其表面所受到的壓力；（右圖）則為棒球表面所受到的剪應力。此圖為二維的示意圖，但無論是壓力或剪應力其作用會在整個棒球表面上。

Ludwig Prandtl
1875-1953

Fig.3-9 對我們這些後世者來說，1905年的風頭幾乎已被愛因斯坦給搶光了。愛因斯坦於這一年的工作，的確改變了整個世紀的物理發展面貌。但也別忘了，同樣在這一年，流體力學家魯德維格·普朗特所提出的邊界層理論，也著實改變了流體力學的走向，也因此讓他有「現代流體力學之父」的稱號。

Ps.中譯之故，可別把普朗特（Ludwig Prandtl）誤認為「量子物理之父」的普朗克（Max Planck）。

普朗特認爲流經物體表面之流體，其黏滯性對物體表面所造成的阻力，應僅存於物體表面上方一層很薄的區域內，此薄層區域便稱爲「邊界層」（boundary layer）。在此邊界層外的流體可被視爲是理想流體，其流體之黏滯性可被忽略不計。簡單地說，理論上我們可將棒球的飛行問題分爲兩部分處理：

1. 棒球表面上方「邊界層外」的區域，此區域的空氣流體可被視爲是理想流體，因此可利用之前所提到的歐拉方程式來處理。即便求解上有其一定程度的困難，但這方面的處理技巧也已被眾人所研究發展了近兩百年之久。再說，電腦的進展也大幅增進我們對數值分析上的能力，也同等地讓我們比較有能力去處理這非線性的歐拉方程式。

2. 棒球表面上方「邊界層內」的區域，其狀態會受到流體本身的黏滯性與棒球表面的粗糙度所影響。然而，若僅是要對棒球的飛行軌跡做一個「大致」上的描述，我們應不難理解，邊界層最外圍的邊界條件大致可決定於邊界層外的狀態（沒有黏滯性的理想流體）。何況，邊界層的厚度應相當的薄，因此一般認爲它對邊界層外的流體狀態影響不大。

然而，棒球場上眞實的棒球飛行問題可能又麻煩了一點！因爲棒球飛行的速度會讓流經棒球表面之流體產生一個分離區域（separation region）（Fig.3-10），此分離區域內的流體會隨流體速度的增大由規則的渦漩（vortex）轉變成亂流（turbulence）的狀態，如此狀態的改變對邊界層外的流體就會有相當程度的影響（Fig.3-11）。這也暗示著，分離區域的出現會對棒

球飛行時所受到的氣動力產生一定程度上的影響。事實上，在棒球場上所看見的棒球飛行，其飛行速度絕大部分是會造成棒球後方分離區域內的亂流出現。也正是此亂流的出現，讓我們直到今天還是難以納維－斯托克斯方程式為出發點去處理棒球的飛行問題。

因此在實作上，若要對棒球的飛行進行量化的分析，我們還得配合實驗上的結果來發展我們的理論。

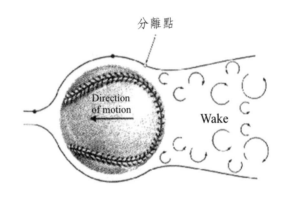

Fig.3-10　棒球的飛行速度會讓流經其表面的流體產生一分離區域，而於棒球表面的後端出現亂流。

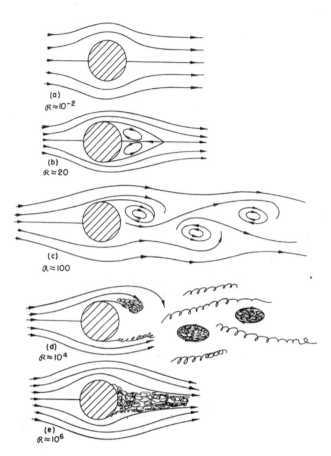

(a)
$R \approx 10^{-2}$

(b)
$R \approx 20$

(c)
$R \approx 100$

(d)
$R \approx 10^{4}$

(e)
$R \approx 10^{6}$

Chapter 3

Fig.3-11　諾貝爾物理獎得主費曼在其著名的《費曼物理學講義》中對流體特性的著名繪圖。物體於流體中運動，物體周遭的流體狀態會因物體速度的逐漸加快，會由原先平順的層流轉變為規則之渦漩，之後又逐漸成不可預測的亂流。

> 在美國，百分之七十的帽子是棒球帽！
>
> 即便是籃球或是美式足球的教練也都戴著棒球帽，為什麼人們喜歡戴棒球帽呢？我想這是因為棒球賽沒有時間限制的規定，人們戴上了棒球帽也就有點不需死守常規的表現。所以當拘謹嚴肅的公司人物戴上了棒球帽，也就表示這是他們放鬆消遙的時刻。
>
> ─紐約市立大學新聞媒體教授，Stuart Ewen

3.4 棒球飛行的流體力學

我們就先來看一張著名的棒球飛行照片（Fig.3-12），此照片為美國聖母大學的布朗教授（Prof. F.N.M. Brown）以風洞實驗所拍攝的棒球飛行。照片中所要顯示的棒球是以約17.6m/sec（≈40mph）的速度向右飛行，但在真實的風洞實驗中，棒球實際上是被固定在一個位置上，而讓氣流向左流動，重點是棒球與空氣間的相對速度。除此之外，這棒球還以每分鐘一千轉（1000rpm）的逆旋速度自旋。就以此照片為例，照片中實驗者利用煙霧的效果讓我們看見氣流的運動流線。如我們之前所述，棒球的後端有一個分離區域的出現，區域外是平順的層流，分離區域內則有無可預知的亂流出現。值得注意的是由於此棒球的自旋方式為逆旋，造成棒球後端的分離區域會朝左下方偏斜。此乃因為棒球的逆旋，使棒球上方表面的運動方向與氣流之運動方向相同，相對速度較小，因而使氣流之黏滯性可讓氣流分子被棒球

表面帶到較後端才分離出去;相反地,棒球下方表面的運動方向
會與氣流的運動方向相反,相對速度較大,於是氣流分子便會在
棒球下方表面較前處即出現分離。也就是說棒球的自旋會造成氣
流於棒球上下方之分離點不對稱出現,而此不對稱的程度會隨棒
球自旋速度的加快而趨於明顯。不難料到,這就是變化球所需之
側向力的來源。

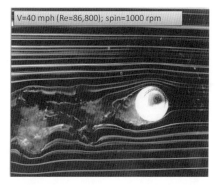

V=40 mph (Re=86,800); spin=1000 rpm

Fig.3-12　風洞實驗中的棒球飛行,此球為向右飛行的逆旋球。

　　讓我們再細看(Fig.3-12)一下,由於棒球的逆旋飛行,造
成球表面之氣流分離區域朝左下方偏斜,但我們所看見的乃是棒
球對氣流的影響。因此根據牛頓第三運動定律(作用力與反作用
力定律),此被偏斜的氣流同時也對棒球施與一個朝上的作用
力。此外,分離區域內的亂流流速會快過棒球前端的氣流速度,
所造成的結果是棒球前後兩端的壓力不平衡。在我們的例子中,
棒球向右飛行,而此氣動力則是由壓力大的棒球前端擠壓向壓力
小的棒球後端,方向向左!此與棒球飛行方向相反的力,即是我

們日常生活中所常說的「空氣阻力」（drag）。

小整理：棒球於飛行時所受到的氣動力

　　空氣阻力是因為棒球於飛行時前後兩端的氣流壓力不同所造成：棒球前端之氣流壓力較大，後端較小，所以產生一個與棒球飛行方向相反（向後壓）的氣動力。如此形成的阻力又稱為「壓力阻力」（pressure drag），有別於單純由飛行物體與流體間之摩擦力所產生的阻力，「黏滯阻力」（viscosity drag）。

　　若當棒球本身除了飛行前進外，還有自旋的運動，則此氣動力的方向便會出現偏斜。這偏斜的重要影響就是產生了變化球！

　　（Fig.3-13）是以電腦模擬的方式，模擬棒球飛行時其周遭的壓力大小。模擬中我們也看見了棒球飛行時的自旋將棒球後端的亂流區域偏向一邊，而造成此氣動力方向的不對稱。當然，由於棒球飛行時本身的自旋運動，大自然的定律僅給了我們一個方向偏斜的氣動力。是我們為了進一步地分析，才將此氣動力分解成兩個互相垂直的力（Fig.3-14）：一個是永遠與運動方向相反的「空氣阻力」，及一個垂直運動方向的側向力，我們稱之為「馬格納斯力」（Magnus force）。

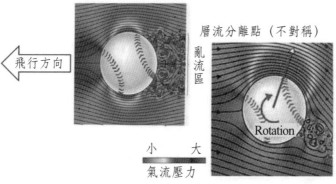

層流分離點（不對稱）

亂流區

飛行方向

Rotation

小　　大
氣流壓力

Fig.3-13　電腦模擬棒球飛行時，流經棒球表面周遭的氣流狀態及其壓力大小。

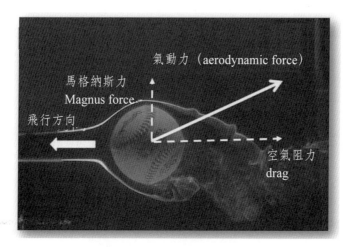

氣動力（aerodynamic force）

馬格納斯力
Magnus force

飛行方向

空氣阻力
drag

Fig.3-14　習慣上，我們將氣動力分解為兩個相互垂直的力——空氣阻力與馬格納斯力。

3.5 馬格納斯力的方向

　　毫無疑問地，棒球飛行的方向除了一開始受到棒球起始速度的影響外，其飛行的完整軌跡便完完全全取決於作用於棒球上的力。於前面的章節中，我們也已知道三個作用於飛行棒球上的主要作用力：重力、空氣阻力與馬格納斯力。其中重力與空氣阻力的方向很容易給出，重力的方向永遠朝下，空氣阻力則是恆與棒球的飛行方向相反。但馬格納斯力的方向因與棒球的自旋方式有關，例如棒球飛行時為逆旋、正旋、或其它方式的自旋，其所產生的馬格納斯力之方向也就不盡相同，當然也就產生不同的棒球飛行軌跡。所以為能快速判斷出棒球飛行的軌跡，明確定出馬格納斯力的方向是絕對必要的。

　　首先，我們必須先以「右手定則」給出棒球自旋速度的方向，即棒球的自旋方向為右手四指（除大拇指外）的自然彎曲方向，如此直立的大拇指便是此棒球自旋速度 $\vec{\omega}$ 的方向（Fig.3-15）。

Fig.3-15　利用右手判定棒球的自旋軸。

一旦決定了棒球於特定時刻之自旋速度 $\vec{\omega}$ 及飛行速度 $\vec{v}$ 後，此時刻棒球所受到的馬格納斯力之方向，便可由自旋速度 $\vec{\omega}$ 與飛行速度 $\vec{v}$ 間的向量外積（cross product）來決定（Fig.3-16），

$$\frac{\vec{\omega} \times \vec{v}}{|\vec{\omega} \times \vec{v}|} \tag{3.4}$$

此即馬格納斯力之方向。為使上式之向量可單純表示方向，我們在上式的分母除上自旋速度 $\vec{\omega}$ 與 $\vec{v}$ 飛行速度兩向量之外積大小，使（3.4）式之向量為一單位向量。

由（3.4）式我們也不難驗證，對一顆水平飛行的逆旋棒球（如Fig.3-2所示），其馬格納斯力之方向朝上，與重力的方向相反。這一點也說明了打擊者常有的經驗談 —— 快速球常會有上飄的趨勢。至於快速球真的會使球上飄嗎？為回答此問題，我們則必須知道馬格納斯力與重力之相對大小為何，對此量化的問題，我們將在後面的章節中再來討論。

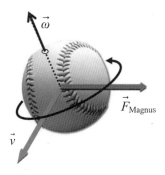

Fig.3-16　棒球飛行速度、自旋速度、與馬格納斯力間的方向關係。

向量的內積與外積

　　從本書一開始到現在，相信讀者已非常清楚，要描述清楚一個物理量往往需要同時具備大小與方向兩項要素，於是我們定義了「向量」這數學概念。那對於兩個向量間的運算，除了較直觀的向量加減法外，尚有兩個重要且經常會被運用到的運算——向量內積（inner product/scalar product）與向量外積（cross product/vector product）：

- 兩向量 $\vec{A}$ 與 $\vec{B}$ 的內積：以 $\vec{A} \cdot \vec{B}$ 表示

  $\vec{A} \cdot \vec{B} = |\vec{A}||\vec{B}|\cos\theta$ 此結果是一純量（scalar），即不再擁有方向性的一般數值。

- 兩向量 $\vec{A}$ 與 $\vec{B}$ 的外積：以 $\vec{A} \times \vec{B}$ 表示

  $\vec{A} \times \vec{B} = |\vec{A}||\vec{B}|\sin\theta \, \hat{e}_{\vec{A} \times \vec{B}}$，此結果仍舊是一向量，其方向垂直於原兩向量 $\vec{A}$ 與 $\vec{B}$ 所構成的平面。

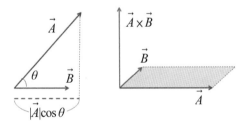

Fig.3-17　兩向量間內積與外積的幾何意義。（左圖）向量的內積 $\vec{A} \cdot \vec{B}$ 可視為 $\vec{A}$ 向量於 $\vec{B}$ 方向上之投影量（$|\vec{A}|\cos\theta$）與 $\vec{B}$ 向量之大小的乘積，其結果為一純量。（右圖）向量的外積 $\vec{A} \times \vec{B}$，大小為以向量與向量為兩邊所構成的平行四邊形之面積（底 = $|\vec{B}|$，高 = $|\vec{A}|\sin\theta$）；方向則以右手定則決定，所以我們也不難發現，對兩向量的外積有 $\vec{A} \times \vec{B} = -\vec{B} \times \vec{A}$ 之特性。

3.6 作用於飛行棒球上之力的表示式

一旦理解棒球飛行時所受到之力的來源後，自然地，我們想知道這些力的大小如何？其中重力在棒球比賽中是固定不變的——棒球的質量m乘上重力加速度$\vec{g}$，此重力的方向永遠朝下且垂直地面；至於氣動力（包含：空氣阻力與馬格納斯力）的大小與方向就不再是那麼直接了，且在探求它的大小之前，我們有必要知道氣動力的數學表示式為何，以便下一步的分析。雖然我們之前已說明了利用「納維－斯托克斯方程式」求解的難處，但所幸流體力學的專家還是發展出一套漂亮的分析方法——「因次分析」（dimensional analysis）。此分析方法的基本精神在於要求方程式兩邊的物理量，必須具備相同的單位因次（可別搞混了「單位因次」（dimension）與「單位」（unit）的含意不同）。

• 「單位因次」（dimension）與「單位」（unit）之差別：

就以「力」為例，我們都已知道「力」的定義為$\vec{F}=m\vec{a}$。其「單位因次」為$M \cdot L \cdot T^{-2}$（即質量一次方、長度一次方、與時間的負二次方之乘積）；至於它的單位，我們若選擇M.K.S.制，則力之「單位」便是$kg \cdot m/sec^2$（這樣的組合方便上稱為「牛頓」），但若選擇C.G.S制，則力之「單位」便成為了$g \cdot cm/sec^2$（方便上稱為「達因」）。顯然地，一個物理量的「單位」會隨我們所使用的「單位系統」不同而改變，但「單位因次」是不變的。（註：「單位因次」也常譯為「量綱」）

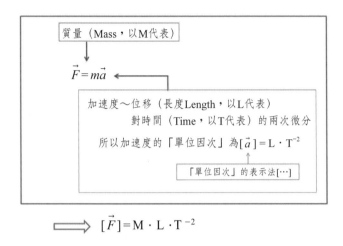

$$[\vec{F}]=M \cdot L \cdot T^{-2}$$

可別小看了此乍看之下沒什麼大不了的「因次分析」，二次大戰期間英國的流體力學家泰勒（G.I.Tayler）可是藉此「因次分析」的原則，破解原子彈的威力秘密。

・原子彈的威力有多大？

結束第二次世界大戰的原子彈，其爆炸威力到底有多大？大戰其間，這當然是極高的機密。然而或許是軍方掩不住的炫耀，對1945年在美國新墨西哥州的原子彈試爆，卻刊載出照片（Fig.3-18）。話說英國物理學家泰勒（G.I.Tayler）在看了照片之後，只花了十來分鐘便把原子彈的威力做了一個頗為精準的估算，其所根據的便是「因次分析」：首先假設原子彈的能量（E，其單位因次為$[E]=M \cdot L^2 \cdot T^{-2}$）是由一個很小的空間所釋放出來，之後能量的傳遞則是以球狀震波（shock wave）的形式向外發展。如此泰勒想要由震波半徑（R，單位因次為$[R]=L$）

與時間的關係來估算原子彈所釋放出的能量。

由於震波半徑會隨時間（t，單位因次為$[t]=T$）的演進而增大，同時也會受當時周遭的空氣密度（ρ，單位因次為$[\rho]=M \cdot L^{-3}$）影響。因此泰勒認為其間的關係式若寫為$R \propto E^x \rho^y t^z$，則根據因次分析的要求，此關係式必符合

$$[L] = [E]^x \cdot [\rho]^y \cdot [t]^z = M^{x+y} \cdot L^{2x-3y} \cdot T^{-2x+z} \qquad （3.5）$$

（3.5）式的解為（$x=1/5$；$y=-1/5$；$z=2/5$），所以泰勒得到下面的結果

$$R = C \cdot E^{1/5}\rho^{-1/5}t^{2/5} \Leftrightarrow E \propto R^5\rho/t^2 \qquad （3.6）$$

式中常數C在泰勒的計算中簡單地被設定為1。如此根據照片（Fig.3-18）所透露出的資料，在原子彈引爆後$t = 0.006$秒之震波半徑R約是80公尺，當時的空氣密度$\rho = 1.2\text{kg/m}^3$。所以原子彈所釋放出的能量估算為

$$E = 80^5 \times 1.2/0.006^2 \text{kg} \cdot \text{m}^2/\text{sec}^2$$
$$\approx 1 \times 10^{14} \text{ joul} \qquad （3.7）$$

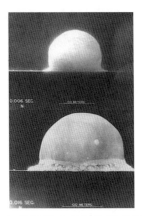

Fig.3-18　美軍對1945年於新墨西哥州的原子彈試爆所刊登的照片。

又一公斤的TNT炸藥約等於4×10^6焦耳的能量,因此泰勒估算此原子彈的爆炸能量約是兩萬五千公噸的TNT炸藥所釋放出的能量。此估算值與實際的兩萬一千公噸已非常接近。明顯地,這估算誤差的一個主要來源會是(3.6)式中的常數設定。然估算值的正確數量級,則可顯示出(3.6)式中各物理量間的關係大致正確。由此例子我們清楚看見了「因次分析」對解析複雜問題上的幫助。

事實上,在複雜系統的分析中,我們往往無法從最基本的原理出發,去發掘分析所有可能影響系統行為的因子。然而一旦物理直覺告訴我們有何重要的物理量會出現在系統時(由於我們所處理的是一個複雜的系統,這重要的物理量往往會有許多個),藉由對方程式之單位因次的一致性要求,我們往往便可找出這些物理量彼此間的關係式,此即「因次分析」的精神所在。

　　同樣地，對於棒球的飛行問題，藉由「因次分析」可讓我們知道其氣動力大小的數學表示式為：

$$F_{\text{aero}} = \frac{1}{2} C_{\text{aero}} \cdot \rho \cdot A \cdot v^2 \qquad （3.8）$$

式中ρ爲空氣密度、A爲棒球的截面積（cross-section）、v爲棒球之飛行速度、C_{aero}則是一個稱爲「氣動力係數」（aerodynamic coefficient）的無因次常數，其確實之數值必須靠實驗來決定。

　　同時根據「因次分析」所衍生出的「白金漢Pi定理」（The Buckingham II Theorem），我們可推論出此「氣動力係數」爲一個可包含數個無因次參數（dimensionless parameter）的函數。在我們所關心的棒球飛行中，影響棒球氣動力係數的兩個主要無因次參數爲雷諾數（Reynolds number，$\text{Re} \equiv \rho \cdot v \cdot l / \eta$）與自旋參數（spin parameter，$S \equiv R \cdot \omega / v$），意即$C_{\text{aero}} = C_{\text{aero}}(\text{Re}, S)$。在無因次參數Re與S的定義中，$\eta$爲空氣之黏滯係數，$\omega$爲棒球的自旋角速度，$l$與$R$分別爲棒球的直徑與半徑（$l = 2R$）。

· 雷諾數（Reynolds number，$\text{Re} \equiv \rho \cdot v \cdot l / \eta$）

$$\text{Re} \equiv \frac{\rho \cdot v \cdot l}{\eta} = \frac{\rho \cdot v}{\eta / l} \sim \frac{\text{慣性}}{\text{黏滯性}} \qquad （3.9）$$

　　所以雷諾數的大小可視爲流體運動時，流體所具有的慣性與黏滯性間的比值。因此我們得知：決定氣動力係數大小的因素，

並不在於流體本身的速度大小，而是流體運動時所具有的慣性與黏滯性間的相對重要性。

・自旋參數（spin parameter，$S \equiv R \cdot \omega / v$）

$$S \equiv \frac{R \cdot \omega}{v} \tag{3.10}$$

當中 $R \cdot \omega$ 為球體自旋時球體表面的速度，而 v 則可視為球體前進的速度，因此自旋參數便可解釋為此兩速度間的相對比值。同上之理解，實際的轉速對氣動力係數的大小並不重要，重要的是旋轉與前進快慢間的相對比值。

如前所述（參見Fig.3-14），習慣上我們會將棒球飛行時所受到的氣動力分為空氣阻力（$\vec{F}_D$）與馬格納斯力（$\vec{F}_M$），兩個獨立且互相垂直的力來分析。即：

$$\vec{F}_{aero} \Rightarrow \begin{array}{l} \vec{F}_D = -\dfrac{1}{2} C_D \cdot \rho \cdot A \cdot v^2 \left(\dfrac{\vec{v}}{v} \right) \\[3mm] \vec{F}_M = \dfrac{1}{2} C_M \cdot \rho \cdot A \cdot v^2 \left(\dfrac{\vec{\omega} \times \vec{v}}{|\vec{\omega}| \cdot |\vec{v}|} \right) \end{array}$$

除了力的大小外，上式中我們還一併把力的方向給標示出來（注意：在馬格納斯力中的括弧並非單位向量，僅有當自旋角速度 $\vec{\omega}$ 與飛行速度 $\vec{v}$ 垂直時，其表示式最後的括弧才為單位向量）。又式中的 C_D 與 C_M 分別為阻力係數與馬格納斯係數，邏輯上此兩係數都該是雷諾數Re與自旋參數S的函數。不過根據一些實驗上的結果顯示，阻力係數的大小與自旋參數的關聯性不大，大致上

可單獨由雷諾數給出其值大小；相似的狀況，馬格納斯係數也可單獨由自旋參數來決定。

主要的影響參數

$$C_{\text{aero}} (Re, S) \quad \Longrightarrow \quad \begin{array}{l} C_D (Re, S) \ = \ C_D (Re) \\[2mm] C_M (Re, S) \ = \ C_M (S) \end{array}$$

主要的影響參數

雖未完全被證實，但實作上我們是這樣處理棒球的飛行問題。即便如此，棒球的飛行問題還是充滿著未知的因子。

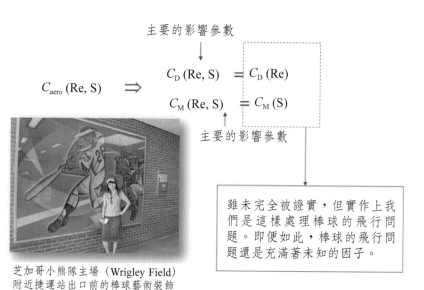

芝加哥小熊隊主場（Wrigley Field）
附近捷運站出口前的棒球藝術裝飾

（註：為不讓我們的討論在此過度的數學化，流體力學中相當「務實」好用的「白金漢Pi定理」將移至本章最後的附錄中介紹。雖是附錄，但想去理解——雷諾數與自旋參數——這兩個無因次參數到底為何的讀者，強烈建議能細讀此附錄。若讀者手邊有一些不知如何是好的研究工作，或許細讀此附錄會有意想不到的收獲。）

3.7 阻力係數的大小

有了棒球飛行時所受到的空氣阻力之表示式

$$\vec{F}_\mathrm{D} = -\frac{1}{2}C_\mathrm{D} \cdot \rho \cdot A \cdot v^2 \left(\frac{\vec{v}}{v}\right) \qquad (3.11)$$

可別直接就認定空氣阻力的大小與棒球飛行的速度平方成正比，因為式子中的阻力係數並非是一個固定不變的常數，而需視運動物體於運動時所對應的雷諾數之大小來決定。根據實驗的結果，對一個「無自旋光滑球體」於流體中的運動，其阻力係數與雷諾數間的關係如（Fig.3-19）所示。

由（Fig.3-19）我們看見了阻力係數與雷諾數間的關係通則：當雷諾數很小時（Re<10^2），阻力係數約略會反比於雷諾數，又根據雷諾數之定義，亦即阻力係數會反比於物體運動的速度。如此（3.11）式告訴我們，在此狀況下的空氣阻力會正比於物體之飛行速度。此狀況會出現在物體速度（v）很小或物體尺度（l）很小時，像花粉於水中的布朗運動即是著名的例子。

而對一般巨觀可見的物體，只要運動速度不要太快，其雷諾數的大小約略會在10^3<Re<10^5之間（讀者可依雷諾數的定義驗證之），此時流體阻力的主要成因已由流體的慣性所主宰。於是在可忽略流體黏滯性的狀況下，也暗示了物體所受到的阻力主要是由物體表面所受到的壓力差所造成。同樣由（Fig.3-19）可看出，雖然阻力係數仍舊會隨雷諾數的不同而有些微的差異，但方便上我們還是可將阻力係數視為一定值來處理。這也是為什麼在

一般教科書中常將阻力係數視爲一定值的原因。

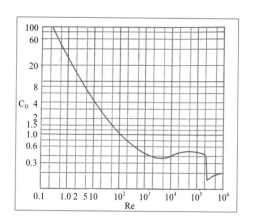

Fig.3-19　對無自旋的光滑球體，阻力係數與雷諾數之關係圖。

值得注意的是當雷諾數在$10^5 < Re < 10^6$之間，阻力係數會突然地變小許多，對此現象在流體力學中有個有趣的名字，稱爲「阻力危機」（drag crisis）。我們相信它的發生是因爲物體速度快到某一程度時，會造成物體表面層流（laminar flow）與亂流（turbulent flow）兩種不同流動形態間的相變（phase transition），至於確切的發生機制也仍是當今流體力學界中的熱門議題。

回到我們所關心的棒球上：棒球場上一般棒球飛行速度下的雷諾數會是多少？

· 一位強力投手可將球速飆至42m/sec（≈95mph）以上；
　一顆被擊出深遠的高飛球，其初速度也將近在44.4m/sec

（≈100mph）左右。我們就以幾近棒球速度上限的44.4m/sec（≈100mph）來說吧

棒球的直徑約為$l \approx 7.4 \times 10^{-2}$m

球場於海平面高度，氣溫度20℃的環境下：

空氣密度$\rho \approx 1.204$kg/m^3

空氣的黏滯係數$\eta \approx 1.84 \times 10^{-5}$kg/m・sec

如此棒球飛行之雷諾數為

$$\text{Re} \equiv \frac{\rho \cdot v \cdot l}{\eta} = \frac{1.204 \times 44.4 \times (7.4 \times 10^{-2})}{1.84 \times 10^{-5}} \approx 2.15 \times 10^5 \qquad （3.12）$$

棒球飛行時所對應的雷諾數是如此之大，也印證了我們曾提及的——棒球飛行時所受到的空氣阻力，其來源型態是屬於「壓力阻力」，而非「黏滯阻力」。這也讓我們對雷諾數所代表的物理意義有更深一層的認識，其值代表著「壓力」與「黏滯性」此兩因素對流體阻力所佔的相對重要性。

・球速對雷諾數的影響

還記得我們在第二章所介紹的數學技巧嗎？…如何估算變數本身之相對變化量對函數值的影響……根據雷諾數的定義，不難推得

$$\frac{\Delta \text{Re}}{\text{Re}} = \frac{\Delta v}{v} \qquad （3.13）$$

因此我們可以很快地估算，例如：當球速增減20%，雷諾數

也會跟著增減20%。

・環境因素對雷諾數的影響

由於在定義雷諾數中的空氣密度與空氣之黏滯係數，均會隨溫度的變化而有些許的差異。在較熱的天氣下，空氣密度會降低，但空氣之黏滯係數會稍大，兩項因素均會讓雷諾數變小。然而，由下表可知，在一般的氣溫差異下，其所造成的雷諾數變化幅度不若球速來的那麼大，因此若僅對雷諾數的大小來說，我們大可忽略掉此環境因素的影響。

溫度（℃）	空氣密度（kg/m³）	空氣之黏滯係數（kg/m・sec）
−5	1.317	1.71×10^{-5}
0	1.292	1.73×10^{-5}
5	1.269	1.76×10^{-5}
10	1.247	1.79×10^{-5}
15	1.225	1.81×10^{-5}
20	1.204	1.84×10^{-5}
25	1.184	1.86×10^{-5}
30	1.165	1.89×10^{-5}
35	1.142	1.92×10^{-5}

海平面高度之空氣密度與黏滯係數

也別忘了，棒球的表面還有它獨特的紅線（seam）。這兩百一十六針的縫線不僅將兩片分離的牛革皮合併成一個球體，其縫合處所造成的凸起也讓棒球的表面有了一個獨特的粗糙形式。

那這紅線對空氣阻力會有什麼樣的影響呢？對此問題，截至目前為止雖然還沒有一個明確的量化答案，但我們還是可由其它類似的研究得到一些線索。

不少學者以高爾夫球來研究此問題，原因當然是高爾夫球表面的圓形凹洞是均勻分布於球的表面，這有助於對問題的量化研究。同樣地，我們得引進另一個表示粗糙度的無因次參數ε/l，ε為凹洞之深度，l為球體之直徑。實驗中，球仍保持沒有自旋的運動，其結果如（Fig.3-20）所示。

由（Fig.3-20）的研究結果顯示：與一般人的直覺不盡相同，粗糙表面會降低「阻力危機」出現的臨界速度，因而讓整體飛行時的阻力係數變小。針對對高爾夫球的研究，其均勻凹洞所造成的粗糙度為$\varepsilon/l = 0.009$，再根據高爾夫球球速所對應的雷諾數，發現高爾夫球飛行時的阻力係數大約為$C_D \approx 0.25$。比起「光滑」的高爾夫球可是小了將近一半！

粗糙的球面反而可使球飛得更遠、更快。

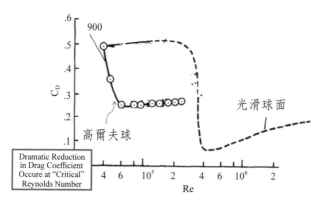

Fig.3-20 高爾夫球與光滑球體之阻力係數與雷諾數關係圖（無自旋）。

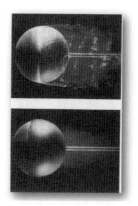

Fig.3-21 球表面粗糙度的不同造成氣流型態的改變。上圖為光滑球面，下圖則在球面前端附上一圓環。

　　至此，我們對阻力係數的特性應該有一些概括性的認識。然而我們並沒有真正明確指出，棒球飛行時的阻力係數該是多少？

說真的，我們還真的很難以實驗來決定，畢竟棒球表面的紅線所造成的粗糙度不像高爾夫球般地好掌握。甚至棒球場上的棒球飛行會不會遭遇「阻力危機」也是爭議，不過好消息是—— 也因為存有爭議，才讓這問題有繼續研究下去的空間！

但輕鬆點，若不要把問題想得那麼複雜與困難，氣動力學的專家Huge Dryden博士早在1959年就以風洞實驗對此問題做一量測：

調整由下往上吹的風速，再讓棒球自由落下，看什麼樣的風速可使球在空中平衡不動。即讓棒球所受的空氣阻力等於其所受到的重力，再反推阻力係數，結果是

$$C_D \approx 0.3$$

比我們一般在教科書中所常用的0.5小了許多！

在我自己對棒球飛行的計算中，習慣上就採用$C_D = 0.3$。但也有不少人仍依舊使用0.5。在棒球物理的文獻中，這阻力係數該是0.3還是0.5也依舊兩派並存！

棒球物理中或許還存有不少的爭議，
對棒球的飛行距離或曲球的變化弧度算得也不盡然精確，
畢竟我們所面對的是一個複雜系統，
但所幸我們所在意的也不是這計算上的精確度，
雖然這「精確度」對物理學家的確是一迷人的挑戰，
但我們真正在意的是—— 棒球場上的現象。

> 舉凡是投、打、跑壘等等，
> 我們都能以自然的原理 —— 物理學 —— 來對它解釋，
> 棒球場上的現象是可被理解的！
> 一種科學所帶給人的純粹喜悅！

 ## 3.8 馬格納斯係數的大小

在介紹完阻力係數之後，我們把討論轉移至馬格納斯係數上。事實上，對一個棒球迷來說，馬格納斯力，

$$\vec{F}_{\mathrm{M}} = \frac{1}{2} C_{\mathrm{M}} \cdot \rho \cdot A \cdot v^2 \left(\frac{\vec{\omega} \times \vec{v}}{|\vec{\omega}| \cdot |\vec{v}|} \right) \qquad (3.14)$$

這個棒球飛行時所受到的側向力，才是大家所關注的焦點。從早先對變化球是否真實存在的爭論，到變化球的側向偏移可有多大？或是投手球路的軌跡探討，都必須從對馬格納斯力的認識著手。如同上節對阻力係數的討論一般，要了解馬格納斯力的大小，就得必須先知道馬格納斯係數的大小。也正因為眾多球迷對變化球議題的關注，歷年來已有不少的研究者設計實驗來測量此係數。其研究趨勢由早先的風洞實驗，轉變為現今所流行的軌跡攝影。

雖然實驗上的測量，不免會受到實驗設備上的限制、環境控制上的困難、與實驗測量本身的誤差，美國伊利諾大學物理系的 Alan M. Nathan 教授根據自己的測量與前人的結果，一併將馬格

納斯係數與自旋參數的關係總結在（Fig.3-22）上，並歸納出下面的經驗公式：

$$C_M(S) = \begin{cases} 1.5S & S < 0.1 \\ 0.09 + 0.6S & S \geq 0.1 \end{cases} \qquad （3.15）$$

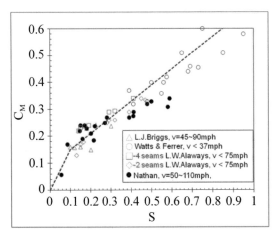

Fig.3-22　馬格納斯係數與自旋參數的關係圖。

式中的自旋參數$S = R \cdot \omega/v$。針對此圖所隱藏的有趣議題，我們將待「第五章 —— 投手的技倆」再一併討論。現在，我們只以（3.15）式的經驗公式來估算一下棒球場上的馬格納斯係數可能是多少？

對此問題，我們可做這樣的評估：

棒球飛行速度的可能範圍在

31.1m/sec(70mph)與44.4m/sec(100mph)之間

又棒球自旋速度之可能範圍在

1,000rpm(105rad/sec)到2,000rpm(209rad/sec)之間

棒球的半徑約爲R≈3.7×10^{-2}m

如此自旋參數

$$S_{min} = \frac{(3.7 \times 10^{-2}) \times 105}{44.4} \approx 0.088 \; ; \; S_{max} = \frac{(3.7 \times 10^{-2}) \times 209}{31.1} \approx 0.250$$

再根據經驗公式（3.15），我們可推測馬格納斯係數約爲

$$0.132 \leq C_M \leq 0.24$$

爲使對方打擊不易，投手會非法磨切棒球；

爲增加打擊能力，打擊手也會改造球棒。

棒球選手員可說是應用物理學家！

 ## 3.9 再看棒球飛行時所受到的力

在此我們做一個小整理，飛行中的棒球會受到：

重力（$\vec{F}_G$）、空氣阻力（$\vec{F}_D$）、馬格納斯力（$\vec{F}_M$）的作用

其大小與方向的表示式分別可寫成

・重力：

$$\vec{F}_\mathrm{G}=m\vec{g}\;；\;\vec{g}\approx 9.8\mathrm{m/sec}^2，方向指向地面$$

・空氣阻力：

$$\vec{F}_\mathrm{D}=-\frac{1}{2}C_\mathrm{D}\cdot\rho\cdot A\cdot v^2\left(\frac{\vec{v}}{v}\right)；方向永遠與棒球的飛行方向相$$
反

　　$C_\mathrm{D}\approx 0.3$注意：此值是一個不確定中的假設值！嚴格說來，會是雷諾數（$\mathrm{Re}=\rho\cdot v\cdot l/\eta$）的函數，所以即便在同一場比賽中，相同的環境因素下，此阻力係數仍會與球速有關。

・馬格納斯力：

$$\vec{F}_\mathrm{M}=\frac{1}{2}C_\mathrm{M}\cdot\rho\cdot A\cdot v^2\left(\frac{\vec{\omega}\times\vec{v}}{|\vec{\omega}|\cdot|\vec{v}|}\right);\;C_\mathrm{M}(S)=\begin{cases}1.5S & S<0.1\\ 0.09+0.6S & S\geq 0.1\end{cases}$$

此馬格納斯係數為一經驗公式，自旋參數$S=\dfrac{R\cdot\omega}{v}$。

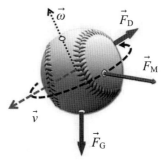

Fig.3-23　棒球飛行時所受到的三個主要作用力。

為使讀者對作用於飛行棒球上之力更有感覺，讓我們在本章的最後針對作用於棒球上的三個主要作用力，評估一下其相對的大小為何？

已知

$m \approx 0.145\text{kg}$

$\rho \approx 1.2\text{kg/m}^3$

$R \approx 0.037\text{m}$

$A = \pi \cdot R^2 \approx 0.0043\text{m}^2$

令棒球的飛行與自旋速度分別為

$$v = 90\text{mph} \approx 40\text{m/sec}$$
$$\omega = 1800\text{rpm} \approx 188\text{rad/sec}$$

由此我們得先計算自旋參數與馬格納斯係數

$$\text{S} \approx \frac{0.037 \times 188}{40} \approx 0.174 \Rightarrow C_\text{M} = 0.09 + 0.6 \times 0.174 \approx 0.194$$

所以……重力：空氣阻力：馬格納斯力

$$mg : \frac{1}{2}C_\text{D} \cdot \rho \cdot A \cdot v^2 : \frac{1}{2}C_\text{M} \cdot \rho \cdot A \cdot v^2 \sin \theta$$
$$= 0.145 \times 9.8 : 0.5 \times 0.3 \times 1.2 \times 0.0043 \times 40^2 : 0.5 \times 0.194 \times 1.2 \times 0.0043 \times 40^2 \sin \theta$$
$$\approx 1.421 : 1.238 : 0.801 \sin \theta$$
$$\approx 1 : 0.87 : 0.56 \sin \theta$$

其中θ爲棒球自旋軸與棒球飛行方向的夾角。

> 約略估算，
>
> 重力：空氣阻力：馬格納斯力$\approx 1：0.87：0.56\sin\theta$

由此估算，我們應該很清楚地認識到：在棒球的飛行中，氣動力並不小，也因此棒球的飛行軌跡絕對會受其明顯地影響！

3.10 附錄：白金漢Pi定理

（由於此節相當之數學化，且對理解後面之章節並無影響，因此想快點回到棒球主題的讀者，本節可先行跳過。）

　　此定理最早可追源至雷利（Lord Rayleigh, 1842~1919）於《聲音的理論》（1877）中對因次分析法的引介，後經白金漢（E.Buckingham）於1914年的論文《物理相似系統：闡述因次方程式的運用》，此定理才逐漸受到注意與應用，因此也將這定理冠上「白金漢Pi定理」之名。本附錄中我們將會闡述它的意涵，再搭配應用於氣動學中的實際例子，以便讀者能確實應用此定律到一個複雜系統。

白金漢Pi定理

　　假設欲處理之系統可由n個物理變數（physical variables，$q_1, q_2, \cdots, q_n$）來描述，即此n個物理變數間存有一個

關係式$F(q_1, q_2, \cdots, q_n) = 0$。

又此n個物理變數均可由k個獨立之基本單位因次（funda-mental dimension）所組成。則在此n個物理變數中，我們可任意挑選出k個物理變數$(q_1, q_2, \cdots, q_k)$，稱為是此系統的主要變數（primary variable）。而剩下的$(n-k)$個變數$(q_{k+1}, q_{k+2}, \cdots, q_n)$，則可各別與主要變數的冪次乘積形成互為獨立之無因次參量（dimensionless quantity）。習慣上，我們稱這些無因次參量為「Pi參量」，以$\prod_i (i = 1, 2, \cdots, n-k)$表示之，亦即$\prod_i = q_1^{a_1} \cdot q_2^{a_2} \cdots q_k^{a_k} \cdot q_{k+1}$。

此外，利用這些Pi參量$(\prod_1, \prod_2, \cdots, \prod_{n-k})$又可將原先系統中$n$個物理變數間的關係式$F(q_1, q_2, \cdots, q_n) = 0$改寫成$\Phi(\prod_1, \prod_2, \cdots, \prod_{n-k}) = 0$。

現在我們就以棒球於空中飛行的例子來說明此定律。首先我們必須判斷影響此棒球於空氣中飛行時所受到氣動力（aero-dynamic force, $\vec{F}_{aero}$）之因素有哪些？假設我們認定影響氣動力的因素有：棒球本身之飛行速度（$\vec{v}$）、棒球之外觀尺寸（$l = 2R$，R為棒球之半徑）、空氣密度（ρ）、空氣的黏滯係數（viscosity coefficient）（η）、與棒球飛行時的自旋角速度（$\vec{\omega}$）等五項因素。當然在實際的例子中可能會有更多的因素影響氣動力的大小，像是物體表面的粗糙度或是空氣濕度等等，均會影響到物體飛行時所受到的氣動力大小。於是在分析中必須考慮多少的影響因素才恰當，則必須視問題的本身及此影響因素的重要性

而定。

如此在我們即將討論的例子中，共計有五項因素會影響飛行物體上的氣動力，因此作用在飛行棒球上的氣動力與這五項影響因素間會有一個關係 $F_{aero} = f(v, l, \rho, \eta, \omega)$，此式等同於 $F(v, l, \rho, \eta, \omega, F_{aero}) = 0$。因此在我們所要處理的問題中會有六個物理變數，即 $n = 6$（分別為 v、l、ρ、η、ω 與 F_{aero}），這些物理變數的單位因次分別如下：

氣動力 $[F_{aero}] = [M][L][T]^{-2}$

棒球之飛行速度 $[v] = [L][T]^{-1}$

物體尺寸大小 $[l] = [L]$

空氣密度 $[\rho] = [M][L]^{-3}$

空氣的黏滯係數 $[\eta] = [M][L]^{-1}[T]^{-1}$

棒球之自旋角速度 $[\omega] = [T]^{-1}$

明顯地，此六個物理變數均是由力學上的三個基本單位因次（質量 $[M]$、長度 $[L]$、時間 $[T]$）所組成，即 $k = 3$。如此根據白金漢 Pi 定理，此問題可由三個主要變數（$k = 3$）與三個互為獨立的無因次參量（$n-k = 6-3 = 3$）來描述。假設我們所挑出的三個主要變數為物體速度、物體尺寸大小及空氣密度，而其餘的三個物理變數則可各別與我們所挑出的三個主要變數組成三個互相獨立之無因次參量 $\prod_1$、$\prod_2$ 與 $\prod_3$，且原先描述系統的方程式 $F(v, l, \rho, \eta, \omega, F_{aero}) = 0$ 可改寫成 $\Phi(\prod_1, \prod_2, \prod_3) = 0$ 的關係。下面我們就由因次分析來決定這些無因次參量的形式。

• 與氣動力F_{aero}所組成的無因次參量

$$[\Pi_1] = [\rho]^a\,[v]^b\,[l]^c\,[F_{\text{aero}}] = [M]^{a+1}\,[L]^{-3a+b+c+1}\,[T]^{-b-2} \quad（3.16）$$

因為Π_1無因次的參量，所以我們有聯立方程組

$$\begin{cases} a+1=0 \\ -3a+b+c+1=0 \\ -b-2=0 \end{cases} \quad（3.17）$$

其解為$a = -1$，$b = -2$，$c = -2$。即

$$\Pi_1 = \rho^{-1}v^{-2}l^{-2}F_{\text{aero}} = \frac{F_{\text{aero}}}{\rho \cdot v^2 \cdot l^2} \quad（3.18）$$

其中長度的平方（l^2）為面積（A）之單位因次，我們就以面積來代替這長度的平方。又在流體力學中我們也習慣在上式等號右邊的分母中多乘上1/2的倍數，並Π_1將改以C_{aero}來表示，即

$$C_{\text{aero}} = \frac{F_{\text{aero}}}{\dfrac{1}{2} \cdot \rho \cdot v^2 \cdot A} \quad（3.19）$$

因此棒球飛行時所受到的氣動力可表為

$$F_{\text{aero}} = \frac{1}{2}C_{\text{aero}} \cdot \rho \cdot A \cdot v^2 \quad（3.20）$$

式中的無因次參量C_{aero}常被稱爲氣動力係數（aerodynamic force coefficient），其值大小必須由實驗來決定。

相同的步驟也可用來處理另外的兩個無因次參量$\prod_2$與$\prod_3$：

- 與空氣黏滯係數η所組成的無因次參量

$$[\prod_2] = [\rho]^a [v]^b [l]^c [\eta] = [M]^{a+1} [L]^{-3a+b+c-1} [T]^{-b-1} \qquad (3.21)$$

同樣地，因$\prod_2$爲無因次的參量，所以我們有聯立方程組

$$\begin{cases} a+1=0 \\ -3a+b+c-1=0 \\ -b-1=0 \end{cases} \qquad (3.22)$$

其解爲$a=-1$，$b=-1$，$c=-1$。即

$$\prod_2 = \frac{\eta}{\rho \cdot v \cdot l} \qquad (3.23)$$

在流體力學中我們習慣取此無因次量$\prod_2$的倒數，並稱之爲雷諾數（Reynolds number, Re），即

$$Re \equiv \frac{\rho \cdot v \cdot l}{\eta} \qquad (3.24)$$

・與棒球自旋角速度ω所組成的無因次參量

$$[\Pi_3] = [\rho]^a [v]^b [l]^c [\omega] = [M]^a [L]^{-3a+b+c} [T]^{-b-1} \qquad （3.25）$$

此無因次參量Π_3的要求，使我們有聯立方程組

$$\begin{cases} a=0 \\ -3a+b+c=0 \\ -b-1=0 \end{cases} \qquad （3.26）$$

其解為$a=0$，$b=-1$，$c=1$。即

$$\Pi_3 = \frac{l\omega}{v} \qquad （3.27）$$

習慣上我們將此無因次參量Π_3除以2，並將之定義為棒球飛行時的自旋參量（spin parameter, S），即

$$S \equiv \frac{R\omega}{v} \qquad （3.28）$$

在此氣動力的例子中，當我們有了這三個無因次參量之後，白金漢Pi定理也告訴我們此三個無因次參量有一關係式

$$\Phi(C_{aero}, Re, S)=0 \qquad （3.29）$$

這關係式也可寫成氣動力係數C_{aero}為雷諾數Re與自旋參量S之函

數，

$$C_{aero} = C_{aero}(Re, S) \qquad (3.30)$$

而這也正是我們在3.6節中所指出的結果，至於確切的函數關係則必須藉由實驗來得知。

最後我們考慮一個假設狀況 —— 超音速投手，此投手可投出非常快的快速球，其球速可快到與音速比擬，甚至是超音速的快速球。則此時影響這棒球所受之氣動力的因素，應再加上當時環境下之音速大小（v_{air}）一項。如此我們便會多出另一個無因次參量，即流體力學中所常定義的馬赫數（Mach number）：

$$M \equiv \frac{v}{v_{air}} \qquad (3.31)$$

歡迎讀者自行驗證之。

Chapter 4

棒球的飛行軌跡

棒球真的需要科學的分析嗎？相信百年下來的比賽經驗，已讓球場上的選手將這棒子與球的遊戲把玩到最佳之境界。那科學的分析還能幫助我們增進此棒球運動的技巧多少？老實說……我也不知道。但科學所潛在的效用總是無盡，即便是愛因斯坦的「廣義相對論」，也已應用到我們每日所使用的GPS定位系統。或許，我們於本章中所要分析的棒球飛行軌跡，其結果內容哪天真的會造成棒球場上的什麼變革，天曉得？

再說，科學的出現與存在價值，本就是為了回答人類永無止盡的好奇與疑問。甚至把一顆看似平凡無奇的飛球，講出一番道理來，這本身就是一種成就與樂趣，一種來自於科學理性分析所帶給人們的喜悅。這也是本章想與讀者所分享的感受。

4.1 拉普拉斯之夢

在開始本章對棒球飛行軌跡的討論之前，讓我們說一個流傳已久的故事。一天拿破崙問拉普拉斯在其有關天體運行的巨作《天體力學》中，為什麼沒有提及上帝的角色？拉普拉斯回答說——根本沒有使用這一個「假設」的必要，僅需單靠數學與牛頓的定律，他就能描繪出天體的運動——這是對科學多麼自信與狂傲的說法，我們且稱之為「拉普拉斯之夢」。然而這樣的夢想也並非無稽之談，讓我們以一個簡單的例子來說明此哲學：

· 理想狀況下的自由落體

在理想狀況下，除了地球的引力外，我們並不考慮空氣阻力或是其它作用力的影響。如此物體的運動方程式可清楚寫出：

$$\vec{F}=m \cdot \vec{a} \quad \Rightarrow \quad m\frac{d^2z}{dt^2}=-m \cdot g$$

此微分方程式的通解為

$$z(t)=z_0+v_{z0} \cdot t - \frac{1}{2}g \cdot t^2$$

所以只要我們知道物體一開始的位置z_0與初速度v_{z0}，即所謂的「起始條件」，我們便可知道此物體於任何時刻的位置與速度。同樣的例子，我們在第二章末也已遇見。

Pierre Simon Laplace
1749-1827

Fig.4-1　拉普拉斯，法國數學家與天文學家。雖然我們都知道，牛頓不僅提出了整個力學體系的架構，為此還發明了微積分。但大家若去翻閱牛頓的《自然哲學的數學原理》（有中譯本），不難發現此書並不是以微積分的語言來書寫，幾何對力學的解析還是牛頓的中心方法。是牛頓過世已逾二十多年才誕生的拉普拉斯，在其《天體力學》（1799-1825）五冊巨作中才逐漸把力學的研究轉換成現今我們所熟知的微積分語言。依此也解決了天體運動中的穩定問題，至此才真的讓牛頓力學的威力達到巔峰。

當然，這樣看待科學的哲學只會是理論上的可行。我們也將會明瞭，在處理眞實棒球場上的問題時，所將遇見的難題會比我們想像的多上許多。

就讓我們對棒球的飛行再接近一點眞實，僅加上空氣阻力的影響。此時的運動方程式仍是清楚可知的：

$$m\frac{d\vec{v}}{dt} = m\vec{g} - \frac{1}{2}C_D \cdot \rho \cdot A \cdot v^2 \left(\frac{\vec{v}}{v}\right) \qquad (4.1)$$

這運動方程式可解嗎？由於我們沒有考慮馬格納斯力這個「側向力」的影響，所以棒球的軌跡是會侷限在一個垂直的平面上（二維運動）。這讓問題看起來簡單了許多，那容易解嗎？首先我們把（4.1）式的速度向量拆解成水平速度v_x與垂直速度v_z兩個方向，如此（4.1）式就被拆解成

$$m\frac{dv_x}{dt} = -b \cdot (v_x^2 + v_z^2)^{1/2} v_x \qquad (4.2)$$

$$m\frac{dv_z}{dt} = -mg - b \cdot (v_x^2 + v_z^2)^{1/2} v_z \qquad (4.3)$$

爲求書寫的簡潔，式中我們已令$b \equiv (1/2) \cdot C_D \cdot \rho \cdot A$。這裡我們遇見了一個大困難，即便撇開阻力係數$C_D$的大小難題不說，就把它看成是一個定值（這也是我們之後的做法，$C_D = 0.3$）。由（4.2）式與（4.3）式所組合而成的運動方程式，不僅個別均含有非線性的項次，此兩個式子還彼此存有關聯性，我們稱之爲

Chapter 4

「聯立方程組」。也針對我們所遇見的這兩個式子,別意外,數學界中真的還沒找到一個精確的解析解。也就是說,若要對棒球的飛行有較具真實的描述與理解,我們非得借助於數值分析的方法。

Fig.4-2　　不提電腦對學術上的幫助有多大,電腦對我們當下生活的衝擊也已是無庸置疑之事實。即便棒球也大受影響。

4.2 空氣阻力對棒球飛行軌跡的影響

首先,讓我們來看看空氣阻力對棒球飛行軌道的影響。為把空氣阻力的影響獨立出來,理論的分析上倒是簡單,我們只要令棒球於飛行時沒有自旋即可,如此就不會有馬格納斯力的出現。當然我們也省略了棒球表面上紅線的可能影響及阻力係數的難題(令$C_D=0.3$)。在此前題下,針對棒球飛行的運動方程式,我們去做數值上的分析便可得棒球的飛行軌跡,結果如

（Fig.4-3）所示。

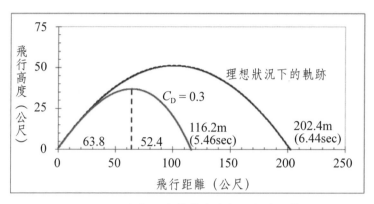

Fig.4-3 空氣阻力對棒球飛行距離的影響。
$v_0 = 44.44 \text{m/sec}(100\text{mph})$拋射角45°。

於（Fig.4-3）中，我們看見了空氣阻力對棒球飛行距離的影響。由於正中好球的高度大約在一公尺左右，因此我們把棒球飛行的起始條件設為$x_0=0$、$z_0=1\text{m}$、$v_0=44.44\text{m/sec}(\approx 100\text{mph})$，又配合無阻力時的最遠距離出現在45°角的拋射，所以我們也就以45°來做為我們的拋射角度。明顯地，空氣阻力大幅縮短了棒球的飛行距離，由無阻力時的202.4m（675ft）縮短到116.2m（387ft），棒球於空中的時間也由6.44sec減為5.46sec。且棒球的飛行軌跡也不再是原先的拋物線，這可由飛行距離中的前63.8m（花了2.53sec）為棒球上升階段的飛行距離，而下降階段僅飛了52.4m（花了2.93sec）得知。

在這分析中，我們看見了一個棒球飛行的普遍現象：棒球飛過最高點後的飛行距離不會如上升階段的飛行那麼遠，且下降階

段所用的時間稍久一些。我們也相信一位熟練的外野手對高飛球的判斷上，在經過不斷地練習後，必定可知道（Fig.4-3）所要傳遞的訊息。但爲什麼會是如此呢？且看我們下面的分析，這或許就不是一般外野手靠練習所能悟出的道理。

（Fig.4-4）爲棒球飛行時其水平與垂直速度隨時間變化的關係圖；而（Fig.4-5）爲棒球飛行時其水平與垂直加速度隨時間變化的關係圖，也由於重力加速度的大小在棒球場上可視爲是固定不變的數值，因此在（Fig.4-5）中的縱座標是以重力加速度的大小爲單位。

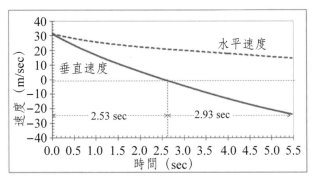

Fig.4-4　空氣阻力下，棒球飛行速度隨時間變化的關係圖。

・垂直方向

在棒球的上升階段，不難理解空氣阻力會有同重力方向（向下）的分量。因此在（Fig.4-5）中我看見棒球一開始的飛行，其垂直方向的加速度大小會大於重力加速度，方向朝下，這無疑對棒球的上升飛行產生了一個更大的減速作用，所以此棒球會

比無空氣阻力時更快達到其軌跡的最高點（垂直速度為零的位置）；反觀在棒球的下降過程，空氣阻力是與重力的方向相反，這造成垂直方向的加速度大小會小於重力加速度，這也就是為什麼棒球飛行的下降階段會比上升階段花費較長時間的原因。

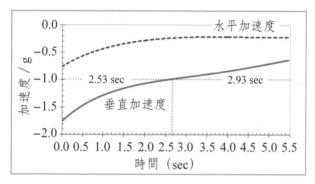

Fig.4-5　空氣阻力下，棒球飛行加速度隨時間變化的關係圖。

・水平方向

　　（Fig.4-4）與（Fig.4-5）清楚告訴我們有無空氣阻力下飛行的差異。在無阻力的拋體問題中，一個很重要的特性在於其水平方向沒有受到力的作用，因此水平速度自始至終均保持等速的狀態前進。但在阻力的作用下，水平方向永遠存在一個負的加速度，使棒球的水平速度不斷地減慢。但減慢的程度在棒球上升的階段會比較明顯，至於在下降階段由於所受到的水平加速度不大，僅約略為 $-0.2g$ 左右的等加速度運動（注意有個負號），雖然棒球往前飛進的速度越來越慢，但在短短下降的 2.93sec 中，

外野手常會有球是等速前進的感覺。是錯覺?還是另有原因呢?

阻力係數對飛行距離的影響

棒球飛行時空氣阻力當中的阻力係數到底是多少?的確是考倒大家的難題,在我們所有的討論當中就索性以$C_D = 0.3$來計算。但在此小段落中,我們也順便計算一下在與前例相同的起始條件下,不同阻力係數對飛行距離的影響,好讓大家對阻力係數的影響有一點感覺。當然真實的情況又複雜了許多,畢竟阻力係數與球速是相關的。

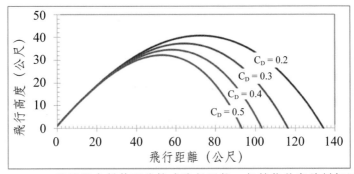

Fig.4-6 不同阻力係數下的棒球飛行距離。起始條件與前例相同。

阻力係數	上升階段		下降階段		全程軌跡		
C_D	距離 (m)	時間 (sec)	距離 (m)	時間 (sec)	距離 (m)	高度 (m)	時間 (sec)
0.2	72.2	2.71	61.8	3.00	134.0	40.6	5.71
0.3	63.8	2.53	52.4	2.93	116.2	37.2	5.46
0.4	57.9	2.41	45.2	2.83	103.1	34.5	5.24
0.5	52.9	2.30	40.1	2.76	93.0	32.2	5.06

不同阻力係數下的棒球飛行軌跡（起始條件與Fig. 4-3的例子相同）

加上空氣阻力的考量後，打擊者該有的擊球角度

　　在看過棒球以45°拋射的例子後，我想每位打擊者都想問一個問題，在空氣阻力的作用下，他該以多大的仰角將球擊出才可讓球飛的最遠？我們就以（Fig.4-7）來回答此問題。我們分別以初速度$v_0 = 26.67$m/sec（≈60mph）與$v_0 = 44.44$m/sec（≈100mph）來探討球的擊出仰角與飛行距離的關係。（註：除了初速度外，其餘的起始條件與參數均與前例相同）圖中顯示，在$v_0=26.67$m/sec的初速度下，當仰角為42°時此棒球會有最遠的飛行距離（57.3m）；而當$v_0 = 44.44$m/sec，其仰角則是在40°時可將棒球擊的最遠，其飛行距離為117.2m。由此可知，不同於理想狀況下的擊球──無論初速度為何，將球以45°的仰角擊出均可讓球飛的最遠──但在空氣阻力的作用下，不同的擊球速度會有不同的擊球最佳仰角，至於仰角該多大則必須視初速度的大小而定。但有一個通則是：

最佳的擊球仰角會小於45°！
且當擊球速度越快時，此仰角將會越小。

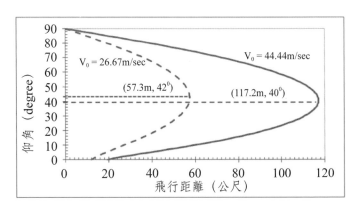

Fig.4-7　固定擊球速度下，擊球仰角與棒球飛行距離的關係。$C_D =$ 0.3，且不考慮棒球的自旋。

　　而打擊者真的關心多少的仰角才能把球擊得最遠嗎？我想他們最關心的應是如何擊出一支全壘打，而不是如何才能讓球飛得最遠。因此在（Fig.4-8）中所要告訴大家的是──要求棒球飛行一定距離時，其初速度與擊球仰角間的關係。就以圖中的實線為例：此線代表把球擊到120m(400ft)時，所需要的擊球初速度與仰角間的關係，這距離也是大聯盟球場對中外野全壘打所規定的最短距離。（Fig.4-8）顯示只要擊球的初速度夠快，我們是可有一個允許的仰角範圍，在此範圍內擊出的球都可如願地飛出全壘打牆。例如若將球以47.1m/sec(106mph)的速度擊出，且擊出的角度在30.4°～50.2°的範圍內，則此球即可飛越出

120m(400ft)的全壘打牆。這對打擊者可是一件好事，畢竟揮棒速度的掌握是比擊球仰角來的容易。也毫無疑問地，若球被擊出的速度不夠時，無論擊出的仰角為何，均不可能成為全壘打。在此計算中，要擊出120m(400ft)的全壘打，其初速度最慢不得低於44.8m/sec(≈101.9mph)。（Fig.4-8）中實線與虛線的比較也可驗證我們之前所說的，當擊球速度越快，又要讓球飛的遠，那擊球的仰角就得相對地減小。至於為何會是如此？答案已隱藏在（Fig.4-4）與（Fig.4-5）中，歡迎讀者自行想想看為什麼？

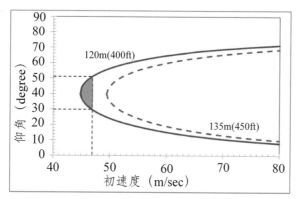

Fig.4-8　固定飛行距離下，擊球仰角與棒球初速度之關係。$C_D = 0.3$，且不考慮棒球的自旋。

物理學家的處事哲學

物理學所要處理的對象，本應就是我們實際所要面對的自然世界。但真實世界所隱含的複雜性，往往又超越了我們對問題的處理能力，讓人不知如何下手。逐漸地，物理學家養成一個面對問題的處理哲學 —— 對問題的簡化。

可別小看物理學家對問題簡化的這一步驟，所謂一切由簡單開始，再逐步地逼近真實，這正是物理學成功的關鍵。就以棒球的飛行來說吧！在地球上打棒球，重力是省略不了的。即便你蓋了一座真空球場，重力依舊存在。於是在我們的處理過程中始終保有重力的存在。接下來，我們不會在真空球場中打球，於是我們就試圖地加入空氣阻力的效應，但棒球的自旋，理論上是可避免的，蝴蝶球的投手不就是要達成此目標嗎？雖然此時棒球表面上的紅線又會引起另一有趣但麻煩的問題。然而為了簡化問題，我們還是可以暫不去理會這紅線效應！之後若要對真實的棒球飛行再進一步地描述，比如說高飛球或是野手間的長傳球，球是會逆旋的！也因此為更貼近真實棒球場上的現象，我們就得再加入棒球的自旋效應 —— 馬格納斯效應。物理學家的處事哲學便是如此，一切由最簡單的假設開始，再逐步地增加複雜性以趨近真實。

一個流傳已久的笑話，若要物理學家研究一頭牛，那物理學家會先假設這頭牛是個球體。

4.3 馬格納斯力對棒球飛行軌跡的影響

本節我們就來看一下棒球飛行時，棒球本身的自旋所會造成的影響。就以一顆外野高飛球來說，打擊者擊球時必定是把球棒擊到球的下緣，如此才會造成高飛球，而擊到球的下緣也同時會讓球產生逆旋的自旋。但本著物理學家的處事哲學，我們還是把問題稍微簡化了一下：我們令此棒球逆旋的自旋軸除垂直棒球飛行方向外，還平行於地面（即逆旋球的標準形式，如（Fig.4-9）所示）。

Fig.4-9 棒球飛行時的受力示意圖。圖中所表示的飛球是一顆於上升階段的逆旋球。

由（Fig.4-9），我們看見了馬格納斯力對此高飛球有一提升的作用，雖然它不會比將球拉至地面的重力大，球終究是要著地的。但馬格納斯力可是會讓此飛球有較長的飛行時間，也因而

讓棒球有更多的時間向前飛行，增加棒球的飛行距離。

逆旋飛行的棒球會有較遠的飛行距離。

定性分析後，我們也以一個量化的模擬來看此問題：阻力係數仍舊設定為 $C_D = 0.3$，初速$v_0 = 44.44\text{m/sec}(100\text{mph})$。在球不帶自旋下，當球以仰角40°擊出，可達最遠的117公尺。

現在若以同樣的初速與仰角，但擁有2,000rpm的逆旋轉速（即每分鐘2,000轉），經分析後發現其飛行距離可達129公尺！足足遠了12公尺（約40英尺）！在多數的狀況下，這距離絕對會影響到這球是被接殺，還是一支全壘打！又此逆旋下的飛行時間6.04秒也比原先的5.01秒多了將近1秒鐘。

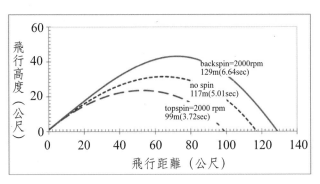

Fig.4-10　空氣阻力與自旋對棒球飛行距離的影響。
$v_0 = 44.44\text{m/sec}(100\text{mph})$拋射角40°。

雖然在棒球場上不會出現正旋的高飛球，但為了比較不同的自旋

方式所造成的影響，我們也就假設正旋高飛球的存在，並加入（Fig.4-10）中。除此之外，我們也在（Fig.4-11）中呈現當棒球逆旋飛行時，其飛行速度與時間的關係。

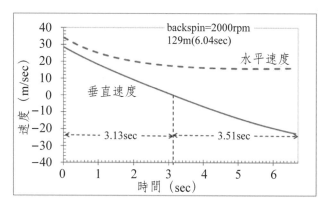

Fig.4-11　空氣阻力與自旋對棒球飛行速度的影響。
$v_0 = 44.44$m/sec(100mph)拋射角40°。

對一個逆旋飛行的高飛球

值得注意是此飛球的下降階段，其水平前進的速度約略趨於等速！

這現象的確是許多外野手所察覺到的經驗，在我們上節中單獨討論空氣阻力的影響時也提及過，但答案卻不像現在的肯定……看來在棒球物理的探討上，棒球選手的每一個經驗談眞的要好好的看待！

但爲什麼呢？

雖然伽利略是有告訴我們，一個拋體運動，其水平方向是以

等速前進。這可由牛頓的第一運動定律來解釋,但我們也看到了空氣阻力的存在是會讓拋體的水平速度越來越慢才對!

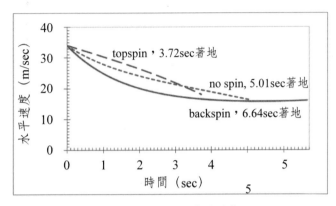

Fig.4-12　棒球自旋形式對棒球飛行速度的影響。
　　　　　$v_0 = 44.44$m/sec(100mph),拋射角40°,自旋轉速2000rpm。

那為什麼對一個逆旋飛行的高飛球,其水平前進的速度會約略趨於等速呢?答案當然是出在馬格納斯力上,我們不妨以(Fig.4-9)標示出作用在球上所有力的水平分量,試著去做定性的解釋。為更詳細解釋此現象,我們還是得看棒球飛行過程中加速度與時間的關係圖才可。由(Fig.4-13)可看出來,逆旋時的馬格納斯力的確讓棒球於水平方向的加速度趨近於零,但也出乎我們意料之外的,在棒球飛行的末段期間棒球並非真的等速或減速前進,而是微微的加速!(因為我們看見略大於零的水平加速度出現。但必須提醒讀者的是,這並非是每一個飛球均會出現的現象,得視棒球飛行的初速度與擊球仰角而定。)

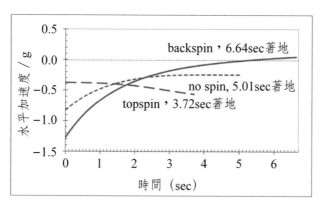

Fig.4-13　棒球自旋形式對棒球飛行之水平加速度的影響。
$v_0 = 44.44$m/sec(100mph)，拋射角40°，自旋轉速2000rpm。

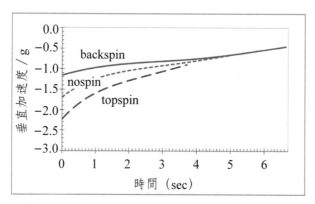

Fig.4-14　棒球自旋方向對棒球飛行之垂直加速度的影響。
$v_0 = 44.44$m/sec(100mph)，拋射角40°，自旋轉速2000rpm。

　　同樣地，若要解釋有關棒球飛行時間的問題，我們就得細看棒球飛行時其垂直加速度於各階段的變化情形（Fig.4-14），其中的討論就留給讀者。但更重要的是……在這些分析之後，我們

學到了一件事：

> 　　對棒球場上的任何現象，我們均可藉由物理定律去探討。除了解答「為什麼？」所帶來的快樂外，從中我們還可發現一些原本不知而隱藏其中的細微現象。

・不同自旋速度下的飛行軌跡

　　雖然我已說過：棒球的飛行距離會隨棒球本身的逆旋速度增快而變遠，但由（Fig.4-15）可知，其變遠的幅度與自旋速度並無簡單的比例關係。

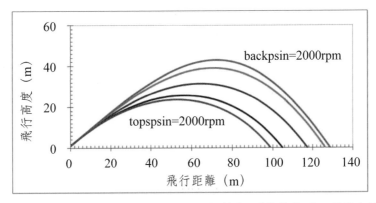

Fig.4-15　在$v_0 = 44.44$m/sec(100mph)拋射角40°的條件下，不同自旋速度與飛行距離的關係圖。自旋速度由近至遠分別為：正旋2000rpm、正旋1000rpm、無自旋、逆旋1000rpm、逆旋2000rpm

打擊者該有的擊球角度

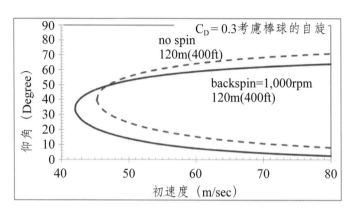

<u>Fig.4-16</u>　要求棒球飛行120公尺時，其棒球初速度與擊球仰角間的關係。紅色實線為帶有1,000rpm逆旋的高飛球。

　　既然我們已詳細分析了一顆逆旋前進的外野高飛球，馬格納斯力會稍抗衡一下重力的作用，讓球不要那麼快地落地，也間接地讓球飛得更遠些。如此也引起了一個廣為討論的議題：「是快速球比較容易被打出全壘打打，還是變化球呢？」也就是說……對於棒球場上約略會是全壘打的飛球，其初速度重要呢？還是自旋的影響重要？快速球會讓擊出去的球有較快的初速度，但曲球則會有較大的逆旋速度！可別急著去回答這問題，這將會是棒球物理學中有趣的爭議。

　　不過，不管怎麼說，對於一個想打全壘打的打擊者，切記：

　　　不妨把球再打平一點……30多度的仰角就好了

至於那45°仰角最遠距離的印象，只有在沒有空氣阻力，且沒有自旋的狀態下才會成立！

Fenway Park
Boston

　　波士頓的芬威球場——這座百年前（1912年4月20日）啓用的球場，至今仍是所有棒球迷所樂意朝聖的棒球聖地，除了因其古老所交織出的謎樣傳說，球場的本身也絕不遜於它的歷史。

　　光看那綠色的高牆——37英尺（約11公尺）高的身驅，活像是一個綠色的大怪物（Green Monster），就斜擋站立在310英尺外的三壘邊線上。站在打擊位置看著他，你只能不禁地說「哇！這怪物眞的好大！」好在，波士頓紅襪隊已於2004年贏了世界冠軍，這可是他們自1918年後的再一次冠軍頭銜。其間的86年，有人說——紅襪的命運是貝比魯斯的詛咒（The curse of the Bambino），也有不少的人怪罪到這高大的綠色怪物，右打者總是以爲打全壘打的最大障礙就是這個高大的綠色怪物，想

打支全壘打，就得刻意地把球拉高。但由我們的分析中發現，他們顯然錯了！

4.4 趙士強的那一球

1983年9月11日，台灣聯合報的斗大標語「趙士強淚灑蠶室」

> 今晚在亞洲杯棒球賽中日之戰，因漏接使日本隊獲勝的中華隊一壘手趙士強，比賽後在球場上痛哭。趙士強獨自悄悄走回休息區，拿起毛巾擦淚，從國內來的啦啦隊員不斷安慰他。但他一直避開人群。從蠶室球場回選手村的交通車上，趙士強獨坐在最後面；平常他在車上嗓門最大，花樣最多，但今晚判若兩人。他說：「雨勢太大了，場地又濕又滑，加上夜間燈光把球照得亮晶晶，與雨水的白茫茫混在一起，猛然抬起頭，實在看不出球在哪裡……」。
>
> （摘自聯合報1983/09/11新聞稿）

　　老球迷應還記得那年（1983），九局下二出局，趙士強的那一球，高飛球漏接，日本攻下一分贏了比賽，也讓洛杉磯奧運會的出賽權所屬懸而未決，需再加賽一場。

　　趙士強怎麼會漏掉這飛球呢？我想不少人會滴咕地認為，假如我來都可接住這球。

不知爲何在我小的時後，很多人替內野高飛球取了一個外號叫「甜不辣」，也很常聽到一個順口溜「高飛必死球」。但實際上，內野高飛球是比外野的高飛球難接許多。爲什麼呢？

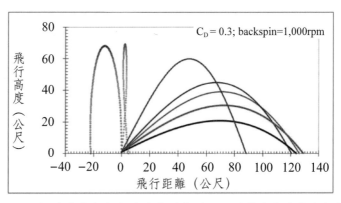

Fig.4-17　　初速度大小與自旋速度固定下，不同擊球角度的飛行軌跡。圖中我們看見了內、外野不同的高飛球軌跡。

我們就以初速度 $v_0 = 44.44 \text{m/sec}(100 \text{mph})$，逆旋轉速1,000rpm的飛球爲例，對於一般的外野高飛球，其軌跡就如我們之前所述的那樣。但當擊球仰角過大時，無疑會形成補手與投手間的內野高飛球（pop-up）。注意看它的軌跡，在某特殊的擊球角度下，棒球於空中可是會畫出一個圓圈來，這也難怪我們看見內野手對這類飛球的處理，總是令人有點驚心膽跳的。那我們又要如何去解釋這詭異的內野高飛球呢？（Fig.4-18）分別表示兩個擊球角度差異很小的內野高飛球，但它們卻有大不同的飛行軌跡，看來內野手眞的很不喜歡遇見這詭異的內野高飛球。

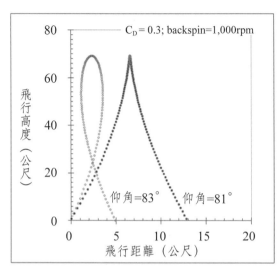

Fig.4-18　圖中所示的兩支內野高飛球，其擊出後唯一不同的起始條件僅是差別2°的擊球仰角。對內野手來說，棒球於空中打轉或許並不重要，但這2°擊球仰角的差別卻造成球著地點7公尺左右的差異。

　　接殺內野高飛球不簡單吧！實際上的問題可能會更複雜一點，因為在這個問題的處理上，我們目前還是加上了許多的假設：球飛行的過程中，其自轉速度的方向與大小是不變的，而且此逆旋飛球的自旋軸除與地面完全平行，還垂直於球飛行的方向。

　　如此我們的問題才可以簡化成一個二維的問題。當然在真實的球場上這僅會是

一個特例！那較常出現的狀況，其飛球的自旋軸又會是如何呢？是否可由我們觀看球賽時所看過的棒球飛行軌跡得到線索，好讓我們的分析能夠一步步地接近真實呢？

1975年，世界大賽的第六場比賽，當時已超過半個世紀未拿世界冠軍的地主紅襪隊，又再度面臨失敗被淘汰的命運。六比三落後三分進入第八局的後半，一支三分的全壘打把波士頓從絕望的邊緣拉了回來，但離勝利還有一段距離，甚至真的會有勝利的到來嗎？沒人知道。

球賽就這樣來到第十二局的下半，時間都已算是第二天的半夜十二點半。首棒的打者Carlton Fisk站上打擊位置，辛辛那提紅人隊的投手Pat Darcy投出一球偏低的球，也就是這一球，Fisk把球往芬威球場的綠色怪物推進。應該可越過高牆的阻礙，但球可否留在界內？Carlton Fisk就沒那麼確定了。於是跑了幾步就停下步閥，高舉雙手，揮舞地想把這飛球拉進來一點，一點點就好。三萬五千人的觀眾也同Fisk一般地祈禱著「界內！界

內！」球所劃出的弧線應聲地打在綠色怪物左端的界外桿上，這是一支全壘打！此時芬威球場的風琴也傳出哈利路亞的道賀，這晚波士頓人將有一個好夢。如此Carlton Fisk打了一支石破天驚的全壘打，看他那雙手要將球拉進球場的模樣，每回看見這畫面，還是存有第一次看到的刺激與感動。但更令波士頓人懷念的是他們參與了這一球，是他們與Fisk共同的祈禱，才把球留在球場內。即便是位於波士頓的哈佛大學物理系教授，理智上不會這麼認為，但就在球飛行的當下，他們還是不自主地加入由Fisk所領導的祈禱團。

接下來的第七場球3比4，這年的波士頓還是輸了。

 ## 4.5 外野邊線的強勁飛球

那棒球場上的一般飛球，其自旋軸的方向會是如何呢？

或許我們可從球棒與球的碰撞說起，但如此我們勢必得先清楚投手的球路與打擊者揮棒擊中球的所有細節，這肯定不會是簡單的工作。雖然在後面的章節中，我們的確會對這樣的碰撞問題有些討論，但在棒球物理學的探討，學理原則上的理解應多於球賽實際結果上的精算。

那不妨回想一下，我們在棒球場上所看見的棒球飛行軌跡會是怎樣？尤其像是那種飛越一、三壘邊線的飛球，若是支強勁平飛球就更明顯了。是不是像（Fig.4-19）一般。

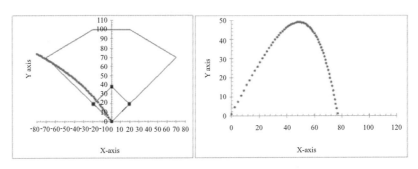

<u>Fig.4-19</u>　沿三壘邊線飛去的高飛球，球會有向界外旋出去的傾向。

　　我們經常可看見這樣的飛球會自動地往界外旋出去。愛看足球的人對這樣軌跡的球也一定不會感到陌生，這就是所謂的「香蕉球」。在模擬（Fig.4-19）的軌跡，我們使用了下面的起始條件：

擊球位置 $x_0 = y_0 = 0$；$z_0 = 1\text{m}$

棒球初速度 $v_0 = 44.44\text{m/sec}(100\text{mph})$，仰角 $\theta = 50°$

　　與 y-軸的夾角 $\phi = -30°$（負的代表是偏向三壘的方向）

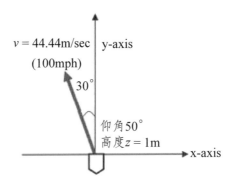

<u>Fig.4-20</u>　沿三壘邊線飛去的高飛，如（Fig.4-19）所示之飛行初速度。（尚未包含球之自旋）

在此球飛行的起始條件中更重要的是此球並非僅是單純的逆旋
速度（$\omega=1600$rpm）而已，為達到旋出去（香蕉球）的效果，
球之自旋軸須在$x-z$平面上，並與x-軸夾一個角度，在（Fig.
4-19）的模擬中，我們設定為$30°$（亦即與z-軸夾$60°$），如
（Fig.4-21）所示

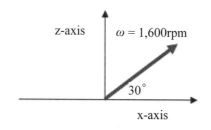

Fig.4-21　沿三壘邊線飛去的高飛，如（Fig.4-19）所示之飛行自旋速
　　　　　度$\vec{\omega}$。（註：此處的座標系如（Fig.2-3）所設定）

　　本節中，我們以印象中的棒球飛行軌跡，藉由電腦的模擬去
推敲棒球被擊出後應有的起始條件。有了棒球飛行的起始條件，
我們也強烈建議讀者以右手定則來判斷作用於球上馬格納斯力的
方向（參閱3.5節），決定了馬格納斯力的方向後，再反過來驗
證一下此棒球的飛行軌跡是不是真會如此。相信幾次練習之後，
讀者就可大致掌握與理解棒球的飛行軌跡。

　　建議讀者不妨現在就來試試看吧，本節中我們以向三壘飛去
的強勁飛球為例。若將此球改為向一壘飛去，則此逆旋球之自旋
軸方向該大致為何呢？

4.6 再看內野高飛球

讓我們合併上兩節所遇見的例子,來模擬一支看似打向投手左側的內野高飛球,看看它的飛行軌跡如何。此內野高飛球的初速度與自旋軸的設定如下圖(Fig.4-22)所示:

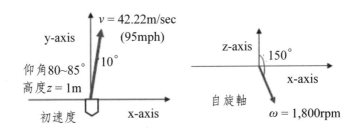

Fig.4-22 朝投手左側飛出的內野高飛球,其初速度 $\vec{v}_0$ 與自旋速度 $\vec{\omega}$ 如左圖。在此圖中,我們尚未明定球被擊出後的仰角。

接下來,我們來看看球被擊出的仰角從80°起,每次增加一度仰角,至85°的飛行軌跡(Fig.4-23)。

還記得我們前面所提的那一球,趙士強的那一球漏接嗎?

也真難為他了,只不過是球被擊出的仰角差那麼一點,其內野高飛球的飛行軌跡居然就可以差別那麼大!真是不可思議!至於趙士強的那球漏接之真實軌跡為何?我們就無從得知了,即便是趙士強本人也說不清吧。但趙士強若是知道他所面對的困難處境,別忘了,當時還是下著雨的夜間比賽,或許他自己以及我們大家對他的漏接便可稍許的釋懷。

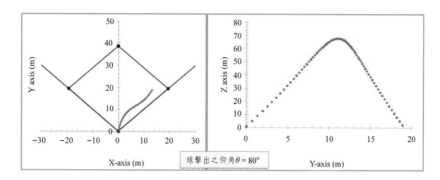

球擊出之仰角 θ = 80°

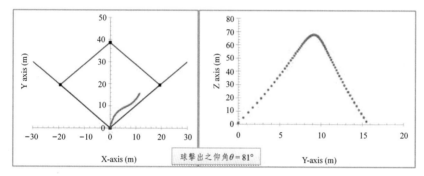

球擊出之仰角 θ = 81°

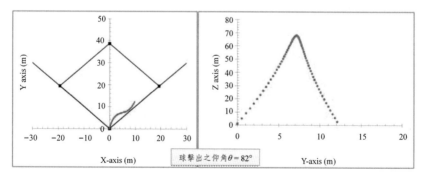

球擊出之仰角 θ = 82°

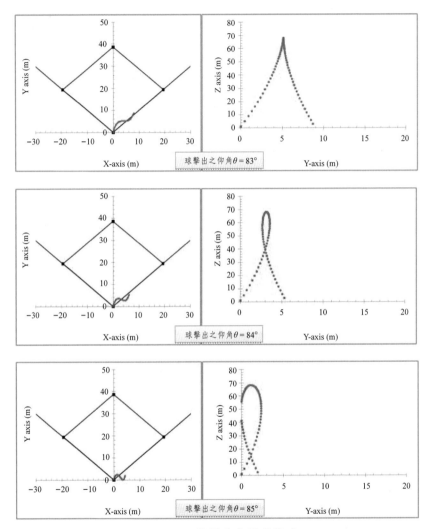

Fig.4-23 詭異的內野高飛球。

【後記】兩天後1983年9月13日中華隊好不容易在第十一局攻下一分，三比二扳倒了韓國隊。爭取奧運的資格代表還存一線希望，端看半小時後我們與日本的再次對壘，贏者出線。

好在有個郭泰源，加上前一場比賽他所投的七局多，郭泰源已連續讓對手掛上十六顆蛋，也讓比賽一路來到了九局下，零比零，首先輪到上場的便是趙士強，投手投出的第一球，趙士強奮力一擊，哇！是一支全壘打！我們贏了！台灣的棒球也即將在1984年的美國洛城奧運「真的」走進了世界的舞台！

外號「微笑喬治」（Smiling George）的趙士強，因再見全壘打而凱旋歸國，也再度露出其招牌笑容。
此圖摘自[台灣棒球維基網]。

4.7 環境與場地效應

　　棒球的飛行距離,毫無疑問地會受到風的影響。根據耶魯大學物理系的Robert Adair教授估算,以美國平均每小時10英里的風速來說,順風與逆風就會讓400尺的飛球距離加減30尺,這絕對會是全壘打與接殺間的差別!球迷中的傳聞也流傳著,洋基明星Mickey Mantle在1953年曾打過一支565尺遠的大號全壘打。但經考證後,這565尺的距離是那顆球最後所停下來的距離,實際落點應該是510尺,即便如此都還是一支不尋常的大號全壘打,不過Adair指出當時的風速為每小時25英里。姑且不論這些數據的精確性有多高,我們所能肯定的是棒球之飛行距離會受到「風」很大的影響。

Fig.4-24　Mickey Mantle的巨無霸全壘打與隔日紐約報紙。(圖片取自 The Pop History Dig 網站)

對於風所造成的影響，其解釋並不難。如果讀者還記得我們之前所介紹的風洞實驗，我們不就是利用風速來模擬球的飛行速度。所以在風的干擾下，飛球起始速度必須做一個修正，

$$\vec{v}_0' = \vec{v}_0 + \vec{u}_{\text{wind}} \qquad (4.4)$$

式中 $\vec{v}_0$ 為球原本於無風時的起始速度，$\vec{u}_{\text{wind}}$ 為球飛行當下的風速。（4.4）式也說明了風的影響，不僅在於風的大小，風與飛球的相對方向也是一個關鍵因素。事實上，我們常聽說有些球場對打擊者有利，有些不利。球場的規格，像是全壘打的距離、外野區域的寬廣等等都是可能的影響原因。但也別忘了，球場方位與當地慣常的風向也是一個重要因素！

至於環境效應，當然不能不提素有打擊天堂之稱的「庫爾球場」（Coors Field）——科羅拉多落磯隊的主場。1993年才成立的落磯隊，兩年後搬進此新球場的隔年1996年，即創下了單一球季81場主場比賽的271支全壘打的記錄。1999年更上一層樓，又打下了303支的新記錄。這樣的結果也讓此球場有了「庫爾發射台」（Coors Canaveral）的封號。（此封號的由來是美國太空總署（NASA）位於佛羅里達州的火箭衛星發射站的地名Cape Canaveral。

至於造成這「庫爾發射台」的原因，不會是「風」吹的間歇性「干擾」，而是因為科羅拉多州丹佛市的高海拔。其海拔高度近1,600公尺，讓此地的空氣密度比海平面小了許多。若讀者還記得空氣阻力的大小會正比於空氣的密度，這就解釋了為什麼這

個場地的全壘打特別多，球飛行時會受到較小的空氣阻力，所造成的結果就是球飛得比較遠。有別於風的影響，我們把此視為棒球場上的常態性環境影響。

Fig.4-25　位居高海拔丹佛市的Coors Field。球場設計時就已考量到高海拔的可能效應，而刻意把全壘打牆移後，但還是屢屢創下單季全壘打數的紀錄。

　　量化上，我們還是可根據庫爾球場當地之空氣密度與海平面的差異多少，來分析其影響的程度。若要再精確點，馬格納斯力的影響也得考量，畢竟它與空氣密度之大小也是習習相關。這工作就留給讀者了，棒球場上是有太多的現象與議題，可以讓我們以物理學家的眼光去思考。不過回到現實面上，讓打擊者在庫爾球場上無止盡地打全壘打也不是辦法，那該怎麼辦？全壘打牆已不能再往後移了，雖然規則上沒有禁止不行，但再移下去所造成的空曠外野，可是會讓外野手吃不消，球場還是難逃「打擊者天堂」的命運。

Chapter 5

投手的技倆

　　棒球與其他球類運動有個很不同的地方。進攻的一方，基本上對球是毫無掌控的能力；相反地，是守備的一方握有球，打擊者的任務頂多只是讓守備者盡可能地對球喪失其掌控的程度。然而，守備的一方也不是每個人都有機會拿到球的，哪怕你是頂著大合約的球星，不該有你的表現，你就得規規矩矩地做起不太有人注意到的跑位演練，這是棒球細膩的地方，也是僅在電視機前觀賽的朋友所無法認識到的防守工作。

　　這樣看來，棒球比賽中真正能以自己的步調握有球的人，就僅投手一人了。也正是這棒球獨特的規則玩法，把一個原本是團隊比賽中的「投手」職位推至賽事上的焦點人物。球隊的勝敗幾乎都與他有關，都是媒體爭相報導的對象。但是，有沒有想過？即便投手當日的投球表現再好，也僅是讓球隊沒有輸，要贏球還是得靠打擊才行！這輸贏責任的歸屬，還是我一個來自足球國度的師長，他對棒球報導用語所發出的質疑。對於這疑問，我想，這正是棒球與足球對生活哲學的不同之處。

　　至於投手球路的科學，這也可能是「棒球物理學」讓人第一個想到的議題。在經過前面幾章的暖身後，相信讀者對「棒球的飛行運動」也多有瞭解，現在終於可讓我們利用前面所學的背景知識，來對投手的球路做一些基本的認識與分析。在本章中我們不是告訴讀者如何去投一顆變化球，而是讓讀者認識到變化球為何會有這樣的變化。最後也談一個近年來非常熱門的PITCH f/x系統，靠這系統，我們試圖去追蹤0.5秒內的球種軌跡，進而去分析投手的表現好壞。

5.1 萊恩特快車

提到快速球，相信「稍」有年資的台灣球迷不會忘記郭泰源——這列「東方特快車」。有點削瘦的他，卻可不斷投出150公里以上的驚人速球，在1984年的洛杉磯奧運中更投出一球158公里（近99mph）的快速球而震驚全場。除了球速外，對當時的中華隊，郭泰源更像是一個永不疲憊的鐵人。還記得我們之前所提的1983年亞洲杯成棒賽的最終壓軸吧！九局下趙士強的全壘打之前，正是郭泰源於當日連續所投的第十七局無失分投球，這場我們贏了日本隊取得奧運代表權，上一場的郭泰源則贏了韓國，讓中華隊在那屆亞洲杯中與日韓並列冠軍。

快速球總是容易引人注目，「東方特快車」的稱號，在我開始接觸美國大聯盟的當下，也連帶地讓我注意到另一列更快的快車——球速曾飆過101mph的「萊恩特快車」（Ryan Express）。觀看一個年紀已過40還不時投出球速95mph以上的老投手，單看投補的演出就是球賽的最大焦點。也不知道是不是轉播電台的特別收音，萊恩每投出一球所使勁的叫聲，就像網球選手的發球一般，讓觀眾可清楚聽見。曾接過萊恩投球的補手Alann Ashby就說：「萊恩時常抱怨我用的捕手手套有太多的填充物料，使他投出的快速球不夠大聲，觀眾聽不到。」萊恩不但要把球投好，還要投的夠響亮！

Fig.5-1　傳奇人物總有說不完的傳奇故事。談到萊恩，總會說起幾個
他傲人的聯盟紀錄，生涯5,714的三振，單球季的383次三振，
每九局只被擊出6.56支的安打。別忘了，他的七場無安打比
賽更是一個不可思議的傳奇。而我更喜歡的一件事蹟則是46
歲的他，對想來挑釁打架的Robin Ventura（26歲），一手撩
起Ventura的頭，同時另一隻手毫不客氣地連出幾拳，渾然是
一位不折不扣的德州牛仔。事後媒體對萊恩所發出的佩服敬
意，才是真的傳奇事蹟。

　　退休後的萊恩與Tom House合著了一本《諾蘭·萊恩──投
手聖經》，Tom在書中如此地分析投手的投球動作：

　　投球動作是一種控制力的學習，身體的每一部份都要按序移
動，設法將投球能力發揮到極致。……他把兩腳踩在投手板上，

球藏在手套裡，眼睛注視著捕手的手套，開始舉手，同時把後腿向後方或側方移一小步，把重量移到後腿，同時雙手緩緩舉到最高。同時雙手回到身體的重心，也就是在下顎到肚臍線上。然後開始在控制中倒向本壘：腳像跨步一樣落下踩往本壘板，全身前傾——手套、手肘、膝蓋及腿——全部對準本壘。身體重量由後移向前時，手開始離開手套，當前腳踩到地面時，兩個肘與肩同高，手臂盡量舒展，然後上身帶動手臂，讓手臂將球送出。

Fig.5-2　諾蘭·萊恩的投球姿勢插畫。取自《諾蘭·萊恩——投手聖經》

同一本書中萊恩如此地回應Tom的見解：

這是一個極富詩意的動作。一個成功的投手得把投球的各個語彙聯結地非常從容，因此一般球迷只看到了實際發生的一部份。但是每一個環節必須能彼此配合，成為一個完美的整體。正確的技術不會一夜之間實現，它們是努力工作的副產品，結合了投球的四個基本要素：平衡、方向、欺騙/投出、重量轉移。

記得當時在書店看見這本《諾蘭‧萊恩──投手聖經》，毫不猶豫地買了下來，總以為看完「投手聖經」即便還當不成名投手，至少也可投出許多種不同的球路。好書不能等，先買再說，回家後才翻看一下書之目錄，六個章節依次為：我的體能訓練 / 心理調整 / 投球技術 / 體能狀態 / 投手的飲食 / 全能投手。如果你是選手或教練，還是得強烈推薦這本書。雖說能投快速球是上天所恩賜的天賦，但看著四十多歲的萊恩仍舊不時地飆出96、97mph的快速球，想必此書一定有它的一番道理。然而，當時的我有點失望！我所期待看到的是不同球種的握法，總以為搞定球的握法就對了。當然不是如此，這本書中甚至僅以三張照片就帶過這個主題，看來這不是成為一名優秀投手的重點。哈，對「投手技倆」的物理分析，這的確也不是重點！雖是如此，為怕讀者有我當年的失望感覺，在下面的章節中我們還是會兼顧一下不同球路的握法。

Fig.5-3 《諾蘭‧萊恩——投手聖經》。很難相信像萊恩這樣的大投手,在他27年的大聯盟生涯中居然不曾得過一次賽揚獎。即便創下383次三振的那個球季(1973),這年萊恩除了三振外,還外加了21勝16敗的成績,但年度最佳投手的賽揚獎仍舊不是他。退休後的萊恩,對此獎項不知是否會存有一點點的遺憾。話說回來,賽揚本人若在世有知,賽揚獎不曾頒給萊恩,也會感到遺憾吧!

5.2 投球前的須知

在開始分析投手的技倆之前,先讓我們介紹一下投手的任務與工作環境。投手的任務顧名思義就是要把球投出,投向打擊者。至於要不要讓打擊者打到球,則得看當時大家對這場球賽的期待而定。話說Candy Cummings於1867年投出史上的第一顆變化球,即便他想盡辦法去保守如何投變化球的秘密,但怎麼可能

呢？所有的人看他手臂扭曲的樣子，投好投壞是一回事，但依樣畫葫蘆地也逐漸摸索出投變化球的要領。

有趣的是當時的哈佛大學校長Charlie W. Eliot訓斥著說：「我聽說我們的球隊今年得到了冠軍，是因爲隊中有一位能投變化球的投手。我也聽說了，變化球的目的是要欺騙打擊者，我們哈佛大學是不教這檔事的！」無辜的投手，但有誰會去理會這校長的訓誡呢？隨著棒球職業化的腳步，球賽輸贏的背後就有其商業賺賠的邏輯。投手的功能也從球隊中的最大配角，餵球給對方打，變成球隊中的主角，防守隊方得分的第一道防線。

伴隨的改變就是投手的投球方式，由早先所規定的下肩拋球方式（就如同慢速壘球的投法），放寬成現今可舉臂抬腿的最佳投球模式。1876年國家聯盟（National League）成立後，投手更是快速地主掌球場上的一切！甚至有一年的聯盟平均打擊率低至兩成四，這對職業球賽的發展不是一件好事。吸引人的球季賽事，不會是千篇一律的低比分或高比數，而是打擊者與投手之間有個基本的戰力平衡，好讓球賽結果出現一種不可預知的吸引力。於是1893年的棒球規則做了一個極爲重大的改變，投手的投球距離由原先的45尺退後至60尺6吋！這距離就是當今的投球距離。

規則1.07

投手板係由長（橫）24吋（61公分）、寬（縱）6吋（15.2公分）之長方形白色橡膠平板製成，……應與地面固定，自投手板前緣中央至本壘板尖端之距離爲60尺6吋（18.44公尺）。

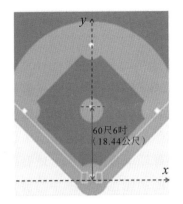

60尺6吋
（18.44公尺）

Fig.5-4　投手的投球距離60尺6吋，從1893年修訂以來也已上百年，當中之打擊與投手戰力還是可從歷史的紀錄中看見起伏。聯盟當局也無時無刻不去注意這兩方的平衡點，但不需要再更改投手距離了，其中的奧妙便在於投手丘的高度，投手與打擊者不是真的站在水平的平面上。依據棒球規則1.04的規定，投手板的高度必須高過本壘板10吋（25.4公分）。在1960年代，據傳還有些球場的投手丘高度接近20吋，這可大大增加了投手投球時後腿的支撐力量，也無怪乎60年代被視為投手的黃金年代。不過仍舊是為了打擊者與投手雙方的實力平衡，1969年聯盟把這投手丘的高度上限下修了一些，之後聯盟的平均打擊率也真的就開始回升。

　　除了投手的投球距離外，好球帶的範圍也是比賽中打擊者與投手雙方實力抗衡的重要環節。在棒球規則2.73中已對好球帶的高度與寬度做了明確的規定，且這範圍是延伸到本壘板上方的領空均算是好球，哪怕球只是削過其邊邊角角也是好球。

　　然而所有棒球迷都該知道，每個主審有它自己的一套標準。

或許這有點隨意地判決標準，讓一些看不懂棒球的人藉此去詬病棒球的公平性，但這點模糊才是讓棒球比其他球賽更貼近人生的地方。好的裁判不在於他的好球帶標準之寬鬆，而在於他所認定的一致性。說來簡單，但實際上並不容易，我們對社會的對錯判準不也是如此嗎？裁判的工作是有他的專業難度。

規則2.73

　　好球帶以擊球員之肩部上緣與球褲上緣之中間平行後作爲上限，以膝蓋上緣作爲下限，通過本壘板之空間者稱之。

【註】在等待投球的擊球員，有時為了縮小好球帶，雖然採取了身體蹲下來異於平時不自然的擊球姿勢，主審應依其經常採取的正常姿勢來決定他的好球帶。

Top or shouloers
Mid point
Top or pants
STRIKE ZONE
Holow beneath kneecap

Fig.5-5　好球帶示意圖。

　　有了投球板，距離也丈量好了，就連好球帶的範圍也說清後，投手在全力把球投出之前，倒還必須知道一件事：球出手的仰角應接近水平，起碼是在±3°之間；也就是大約在出手的瞬間，出手點，肩膀與頭約略會在同一個平面上。否則你很可能會投出一顆過高，而讓捕手來不及反應的飛球；或是一顆挖地瓜的球，除非你真的想去考驗捕手的擋球能力，球出手的仰角應接近水平。有了這基本認識後，好的控球當然還是得靠不斷的練習與經驗領悟來達成。接下來就讓我們來看不同球路在物理學家的眼中會是如何。

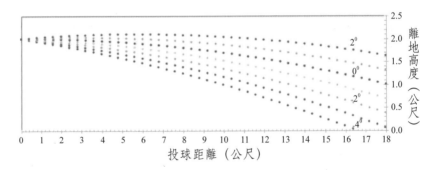

Fig.5-6　只考慮重力影響，不同仰角投出的90mph速球，到達本壘板上空的高度。

　　投手丘的區域是球場中最平靜的地方，即使有五、六萬的觀眾在大聲吵鬧，投手站在投手丘上就像是氣球內外間的隔離，他們有自己的天地。

　　　　　　　　　　—前大聯盟投手與球賽講評員，Jim Kaat

5.3 球種介紹

• 快速球

Fig.5-7　投出史上最快球速的Aroldis Chapman。左圖上下分別為四縫線與二縫線球的標準握法。對一般想飆球速的投球，投手會以四縫線的握法居多。

　　毫無疑問地，快速球（fastball）是大聯盟投手最基本的球路，球速一般在85～95mph（約時速136～152公里）之間，因人而異。投法也比較像是一般棒球中的傳接球，那需要技巧嗎？投手教練肯定可說出一大堆的注意事項，從舉腳、轉身、跨步、揮臂、到手腕與手指的力道運用，無一不關連到投手的球速。但辛辛那提紅人隊的Aroldis Chapman於2011年4月20日所投出的那球——106mph快速球（約時速169.6公里）！則不是一般投手

單靠勤奮與蠻力就能練就出來的成績，與其說這是Chapman的努力結果，不如說是上帝所恩賜他的一種天賦。

至於快速球的分類又可依握球的方式分為：

四縫線快速球（four-seam fastball）—— 其握球如（Fig.5-7之左上圖）

二縫線快速球（two-seam fastball）—— 其握球如（Fig.5-7之左下圖）

這四縫線與二縫線的命名是以打擊者的眼光去看（如果看得到的話），當投手以下壓式投法將球投出，迎面而來的球自旋一圈，紅線在打擊者所見球面上的出現條數，若是四條就稱為「四縫線球」，若是兩條就稱「二縫線球」。這兩種握球法也是我們一般丟棒球的基本握法。

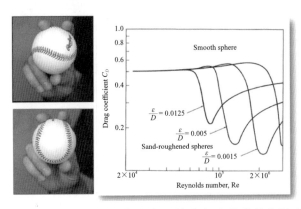

Fig.5-8　針對不同表面粗糙度的球，其飛行時雷諾數與阻力係數間的關係比較圖。實驗中為減少變因，球的飛行形式設定為沒有自旋的運動。

那「四縫線快速球」與「二縫線快速球」在球路上有差別嗎？

　　根據球員本身的經驗：四縫線的握法可投出較快的速球，因此當投手真的要飆一顆很快的速球，他應會投一顆四縫線的快速球。為什麼會這樣呢？我們認為這兩種快速球，除了握球的方位不同外，投手的出手方式幾乎一樣，因此球於出手的瞬間，即便球的自旋速度會有差別，但球的飛行初速度應該差不多。那造成這兩種快速球速度不同的原因，可能就出於所受到的空氣阻力大小間的些微差異所致。「四縫線快速球」比較快，讓我們推論其阻力係數 C_D 會比較小，雖然這點還沒有獲得百分百的實驗證實，但倒是與我們之前討論阻力係數 C_D 的結果一致—— 在高爾夫球的表面上增加其粗糙度，與直覺上的推測有所不同，反可減小阻力係數的大小，與「阻力危機」的提前發生。

　　「四縫線快速球」的旋轉方式，的確會讓迎風面的棒球表面看似粗糙些，所以「四縫線快速球」快一些；但球員也表示「二縫線快速球」打擊時的感覺，其「球質」比較重！

　　然而何謂是「球質」呢？看了各家的說法，似乎對「球質」的意涵還頗為分歧。不過這也算好事一件，在棒球場上的物理學中還有數不完的現象值得研究。

　　除了球速的差別外，無論是四縫線或是二縫線的快速球均還有一個重要的特點：投出去的球會以逆旋（backspin）的方式前進。這倒是容易理解，因為我們可觀察到一顆快速球的投出，指尖是手的所有部位中最晚離開球的地方，且是在球的後下緣位置，自然地會使球逆旋而出。

　　根據測量，快速球的自旋速度大約會是1,200 rpm（即每分鐘1200轉）左右！那球自旋所產生的馬格納斯力大小，會因「四縫線快速球」或「二縫線快速球」的握球法不同而有不同嗎？

　　L.W.Alaways針對此問題所做的實驗發現：在相同的自旋參數（$S = R \cdot \omega/v$）下，「四縫線快速球」的馬格納斯係數（圖中以□表示）會稍大於「二縫線快速球」的馬格納斯係數（圖中以◇表示），參見（Fig.5-9）。

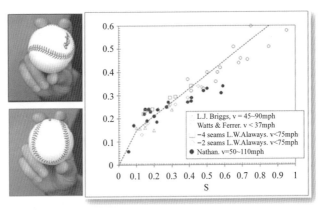

Fig.5-9　　對同樣的自旋參數，四縫線球的馬格納斯係數會稍大於二縫線球。這稍微的差別可是會造成球路上的大不同。

　　就以球速$v = 90$mph(≈ 40m/sec)，自旋速度$\omega = 1,200$rpm(≈ 126rad/sec)的速球為例，其自旋參數$S \approx 0.116$。根據上圖所做的粗略估算，「四縫線快速球」的馬格納斯係數$C_M \approx 0.21$，而「二縫線快速球」的馬格納斯係數$C_M \approx 0.12$。這不同的馬格納

斯係數會有什麼樣的影響呢？球若無自旋投出，在90mph的球速下，約花0.45秒的時間可到本壘，在這時間內由於重力的影響，此球會由出手點的高度下降約99.2公分。但快速球的逆旋，所產生的向上馬格納斯力會減緩掉一些此下降的程度。在我們的估算下「二縫線快速球」可下降約64.6公分之多，而「四縫線快速球」僅會下降約38.7公分，這在球路行徑上可是大大的不同！

此外，許多打擊者對於快速球的描述，總覺得快速球會有上飄的趨勢。這也讓快速球常常冠上「快速上飄球」（rising fastball）的稱號。畢竟投手水平投出的逆旋快速球，其朝上的馬格納斯力恰與重力的方向相反，因此球到本壘位置所掉落的垂直距離鐵定比單純重力影響下的小，這我們在上一段中也已指出，但有可能出現上飄球嗎？對一顆標準的上飄球，棒球上所受到的馬格納斯力得大過重力！那我們就來估算一下這樣的條件，在棒球場上可不可能發生？

在（Fig.5-10）中，我們對一位完全下壓式投法之強力投手所投出的快速球，計算他若要讓球所受之馬格納斯力等於重力時，其球速與自旋轉速的關係應該為何。計算結果告訴我們，即便你有像是Chapman的100mph快速球，但若要讓馬格納斯力大過或等於重力，你其碼要施給球4,000rpm的轉速！這與一般快速球所擁有的自旋轉速1,200rpm相去甚遠，大自然的定律並沒有排除掉「上飄球」的可能性，但人的能力極限卻也限制了我們，我們幾乎沒有任何的機會在棒球場上看見一球是真的「快速上飄球」！

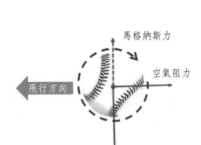
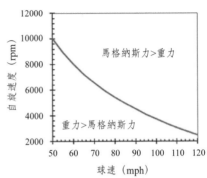

Fig.5-10　快速球會上飄嗎？雖然球速越快是會有較大的馬格納斯力，但根據計算，即便有100mph的球速，要讓馬格納斯力大於重力，其自旋轉速也須達4,000r.p.m！這實在是單靠人的力量所不能達到的自旋轉速。

・快速球的變形球路

　　以快速球聞名的投手往往都被冠上強力投手（power pitcher）的封號，但要在大聯盟中存活，也不能僅靠快速球來打天下。火箭人克萊門斯（Roger Clemens）就曾說：「如果你能投97mph的快速球，然後再穿插搭配一顆87mph的指叉球，則打者會因為每次看見你同樣的投球動作而過早揮棒，即便這顆指叉球是挖地瓜。」

　　畢竟球到本壘，0.5秒不到的時間，真的是很短暫的瞬間。揮不揮棒，也僅有約略0.2秒的時間來決定。這也難怪名人堂級的投手Warren Spahn說了一句棒球名言：「打擊是要抓對時間，而投手的工作則是要搗毀打者的時間感。」

> 我現在常投許多的變速球，用這樣的投法來使我的快速球看起來快一點。
>
> ─創下連續59局不失分的名投手，Orel Hershiser

因此在相同的投球姿勢下，投手發展出了許多不同的球路，各有各的握球方式。指叉球（fork ball）、變速球（changeup）、伸卡球（sinker）、卡特球（cutter）等等。雖然這些球種都以二縫線的握法居多，再去變化。但即便同樣的球種，不同的投手也會有不盡相同的握法，有些看起來還怪怪的，感覺很難把球投出去。但若以物理學家的觀點去理解這一切，不同握球法的唯一目的，就是要讓球的出手速度與自旋速度不同而已，這倒是單純！

Fig.5-11　克萊門斯的指叉球。若奇怪於萊恩為何一次賽揚獎也沒得，那火箭人克萊門斯的生涯七座賽揚獎則是另一種不可思議的傳奇。累積了聯盟排行第三的4,672次三振的他，還投了兩次單場20次三振的傲人紀錄。

・曲球

Fig.5-12　大都會隊Jon Niese的曲球。由於曲球是正旋的球種，投手在
　　　　　投出球後，投球手臂與手掌會有一定的彎曲模式。由此我們
　　　　　不難從照片來判斷此投手是否投出一顆曲球。

　　如果說快速球是多數製造出速度差的球種之原型，那變化球
的原型就非曲球（curve）莫屬了。

　　握球的方式以二縫線握法為主，為使球可快速旋轉，食指與
中指可扣在球之紅線上，但不要握的太深，否則手腕會變得僵硬
而不易旋轉。由於曲球很重要的特性在於它的自旋運動為正旋
（topspin）的形式，因此我們可知道，投曲球的要點在於出手
的瞬間，食指與中指是在球的前方將球甩出去。為達此方式的投
球，投手必須以肘關節為手臂旋轉的支點，這與快速球的投法相
當的不同。若你試試看，你也可理解為什麼專家們不贊成在少棒
階段的投手去投曲球。

　　對一位發育尚未完全的選手，過度地扭轉肘關節是容易造成永久的運動傷害。這也難怪在台灣早期的成棒投手中，很多的名投手在他們的少棒階段並不是擔任投手的工作。那麼當時的台灣少棒投手長大後去了哪？真有很多的小投手是因為投了太多的變化球，手臂受了傷，也就自然地離開了球場。

　　至於在大聯盟的投手中，曲球的一般球速在70～80mph（約時速112～128公里）之間，自旋速度則大約可達2000rpm（即每分鐘2,000轉）左右。由此可知：曲球是屬於球速慢，但球路軌跡的彎曲程度很大（即曲率大）的球種。還得再提醒一遍的是，曲球是一顆正旋的球！

　　為保護小投手的手臂，國際間的少棒比賽已紛紛對投手的投球內容加上明文的限制。

　　一般比較常見（也比較容易客觀執行）的規定是對投球數的限制。像世界少棒年聯盟便針對不同年齡的投手做出投球數與休息天數的規範（見下表）。至於IBAF世界少棒錦標賽則嚴格規定投手不准投變化球。

年齡	每場最多投球數	每場投球數	休息天數
13～16	95	61+	3
11～12	85	41～60	2
10歲以下	75	21～40	1
		1～20	0

　　還有一種叫螺旋球（screwball）的球種，其特性與曲球類似，只是投球時手臂旋轉的方向相反。可想而知，投這類的球就更容易受傷了。

Fig.5-13　馬丁尼茲（Pedro Martinez）的螺旋球。

・滑球

Fig.5-14　成名於紐約大都會隊的David Cone，身材不算高大的他，或許速球就是無法像那些大投手來的快，但他也靠著「滑球」這武器征戰於大聯盟17個球季。近200勝與2,668的三振數，即便無法使他擠進名人堂的窄門，但拼勁十足的他可是讓自己與有他的球隊戴起了五枚世界大賽的冠軍戒指、一次賽揚獎，還有大聯盟史上的第十六場完全比賽（perfect game）！這場比賽的最後一球便是他的拿手滑球。

　　在投手的技倆中還有一個重要的球種叫「滑球」（slider），其握法一般也是以二縫線球為主。投球要領與快速球相似，唯出手的瞬間食指或中指必須對球施加壓力（球最後離開手的部位也就在食指或中指，看你是以哪一指施壓）。球投出後的飛行軌跡則介於快速球與曲球之間。

　　在大聯盟的投手中，滑球的一般球速在80～85mph（約時速

128～136公里）之間，自旋速度則大約可達1,400rpm（即每分鐘1,400轉）左右。

Fig.5-15　　身高208公分的「巨怪」Randy Johnson, 近100mph的快速球就是他的武器，而他另一項拿手利器便是滑球，只是「巨怪」的滑球比一般投手的快速球還快，也難怪巨怪的滑球有個「迅捷先生」（Mr. Snappy）的綽號。這可讓巨怪擁有先發投手每九局平均三振10.7人的聯盟紀錄！生涯五座賽揚獎，與4,875次三振（僅次於萊恩）的紀錄。

・蝴蝶球

Fig.5-16　近二十年的大聯盟生涯讓Tim Wakefield等同於蝴蝶球的代名
　　　　　詞。一般認為蝴蝶球的投法不是拼命使勁的那種,因此在比
　　　　　賽中教練對蝴蝶球投手的投球數就比較不會有一個嚴格的
　　　　　限制。Wakefield在剛出道的時候就有一場球投172顆球的紀
　　　　　錄!同樣的原因,也讓Wakefield在紅襪百年歷史中,可是投
　　　　　球局數最多的投手,3,006局。

　　最後,讓我們再介紹一種常引人討論的球種「蝴蝶球」
(knuckle ball),大聯盟中投此球路的投手並不多,但三不
五時就會有一位大家知曉的蝴蝶球投手,像圖中的這位Tim
Wakefield,從1992年的菜鳥(rookie)就開始投蝴蝶球,直到
退休的2011年。生涯的投球球種還越投越專一,也不怕打擊者

知道他要投蝴蝶球，反正就如同它的中文命名一般，飄浮不定的球路軌跡，就像蝴蝶的飛行一般難以預測，這可讓Wakefield在他的投手生涯中三振了打者2,156次。

　　至於此球種的英文原名「knuckle ball」則點出了它的特殊握法——指關節扣住球，其目的是要讓投出去的球盡可能地不旋轉，好除去因球自旋而出現的馬格納斯力，如此看似比較單純，但錯了！在60～70mph（約時速96～112公里）之間的無自旋棒球，行進球的周遭氣流會受到球面上的紅線方位影響，氣流本身也會因紅線的存在由原先的層流（laminar flow）轉變為亂流（turbulent flow）。蝴蝶球正是處於這兩種流體形態間的相變界線，而讓球上的氣動力格外複雜與無可預測。球上的紅線或是投球當下的氣流狀態（包括了當下的天氣溫度、濕度、空氣密度、風向等等），對球之飛行都可能有顯著的影響，這也讓問題必須回到以流體力學的途徑來討論，且觸及了亂流的形成，想必這是困難但有趣的研究方向！

Fig.5-17　蝴蝶球的投法約略起於1908左右的年代，Eddie Cicotte也因擅長此新球路而被視為蝴蝶球的發明者之一，因此有「Knuckles」的球場綽號。但Cicotte更為人所知的是他涉入1919年的「黑襪事件」，在當年的世界大賽中放水輸掉比賽。事後也因此被新任的大聯盟會長Kenesaw Mountain Landis永久的逐出棒球界。但在我們想對此事下一個斷言之前，且慢，話說，當年他的薪水是六千美金，但有一個副約，若這年球季他贏了三十場球，就可另得一萬元的獎勵金。前一球季因傷讓Cicotte的戰績僅是12勝19敗，或許是如此，芝加哥白襪隊的老闆Charles Comiskey才這麼大方地與他簽下這麼大的獎勵金。哪知到了1919年球季的最後一週，Cicotte已達29勝。於是「據說」老闆就下令教練讓Cicotte連續坐了五場的板凳，30勝，連機會都沒有。嘿嘿……洋洋得意的老闆，但一種怨恨就在Cicotte的心中展開，世界大賽走著瞧。

Fig.5-18　蝴蝶球 —— 這球路本身的怪異，怎麼也連帶地讓蝴蝶球投手的故事傳奇了起來。2012年大都會隊20勝的「不死蝴蝶」—— R.A.Dickey可讓蝴蝶球又成了大家所討論的話題，這位少掉右手肘部「尺側副韌帶」的投手，在這年可是第一位獲得賽揚獎殊榮的蝴蝶球投手。

順便一提的是這飄浮不定的蝴蝶球，還造就了一些任務型捕手，他們的任務就是要正確地捕接住隨意亂竄的蝴蝶，故戴起比一般捕手大的捕手手套，與這些稀有的少數投手分享同樣的輪值表，而成為蝴蝶球投手的御用捕手。

Fig.5-19　不同球種的不同握法。

在介紹了投手伎倆中的幾個主要球種後,讓我們稍做一下整理,比較一下不同球種的球速與自旋速度的差異(表中的數值僅是該球種的一般大小,不同的投手還是會有所差異)。

一般大聯盟投手			
	起始速度		自旋速度
球種	mph	km/hr	rpm	球至本壘的自旋圈數
快速球	85~95	136~152	1,200	8
滑　球	80~85	128~136	1,400	10
曲　球	70~80	112~128	2,000	17
蝴蝶球	60~70	96~112	30	0.25

 ## 5.4 物理學家眼中的投手技倆

說了這麼多的球種,多多少少我們也提及了各球種的投球要領。但若以物理學家的眼光去看棒球投手的技倆,不管投手是怎樣的握球、旋轉、用力,無外乎是要施與所投出的球一個獨特的起始條件──「出手點」、「球速」與「自旋速度」。

別忘了,後兩者可都是包含有各自的大小與方向:

「球速」:出手時的球速大小與方向。

「自旋速度」:棒球自旋的快慢與自旋軸的方向。

一但這些起始條件給定了,重力、空氣阻力、與馬格納斯力,便依物理定律給出此球特定的軌跡。當然,在棒球場上的物

理學中我們必須時常地提醒自己，我們終極所要面對之眞實世界是一個複雜性的系統，例如一陣風吹所引起的空氣擾動，就可能導致球之飛行軌跡的些許變異，

關於這點，看一場蝴蝶球投手的比賽，你大概就不會懷疑了！

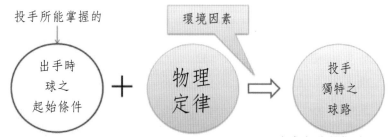

Fig.5-20 物理學家眼中的投手技倆。若要以理論的方法計算出投手球路的精確軌跡，無疑是一件超級困難的工作。但球路軌跡在物理分析下，其理論架構卻是格外的單純！那麼多的球種，卻僅需一個一致的道理來理解，這便是理解科學的樂趣。

• 小小練習題——測試一下我們對「棒球的飛行」是否真的理解？

　　往往我們所面對的投手會以3/4側投的方式將球投出，（Fig.5-21）及（Fig.5-22）分別是以打擊者的角度所看見的快速球與曲球，圖中所標示出的是球的自旋軸與與 x-z 平面（垂直地面）上的力圖。由此是否可「定性」地概略判斷出該快速球與曲球應有的飛行軌跡？

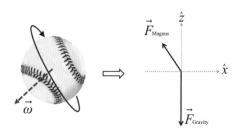

Fig.5-21　右投手的逆旋快速球。

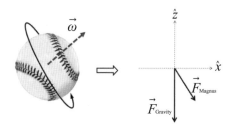

Fig.5-22　右投手的正旋曲球。

同樣的問題，對一位以3/4側投的左投手，該如何分析他的快速球與曲球的球路？

169

5.5 GAMEDAY ── PITCH f/x系統

Fig.5-23　大聯盟官方網站中提供球迷即刻觀戰的GAMEDAY頁面。隨著時代的流行腳步，此頁面的樣式也經常改變。但之前我不是說過嗎？棒球還是有對傳統的偏好，無論怎麼變化的新頁面中始終都保有一個聯結，好讓「傳統派」球迷能夠找到上圖這個經典的GAMEDAY頁面。

　　談了那麼多的球種後，雖然我們不再去懷疑變化球的存在與否，但還是不經意地想問一個問題，是不是有一個較為客觀的證據來說服人們，各個不同球種間的確擁有各自的獨特性？畢竟球由投手投出到打者的時間，不到0.5秒！在這麼短的時間間隔內，我們實在很難去看清楚一切；相反地，卻又提供我們太多的錯覺與想像空間，雖然這種幻想空間也是棒球迷人的一部分。但我也相信每一位棒球迷還是樂意可有一個較不抽象的證據，去「看見」投手球路的真實軌跡，那大聯盟官方網站所提供的GAMEDAY，會是一個不錯的管道。

　　就讓我們來介紹這個廣受球迷喜好與使用的GAMEDAY與

它的核心系統PITCH f/x，此系統的最大功能就是要去追蹤投手球路的軌跡。其理論構想上倒是簡單，還記得我們之前所提及的——1941年刊登在美國物理期刊上的那篇論文嗎？為追蹤球飛行的軌跡，作者在投手與打者間架設起木框，木框內再繫上長寬間隙一吋的棉線纖維做為空間各點的參考座標格。如今科技的進步與發展，也讓我們的實驗可更加精進。在PITCH f/x系統中，我們以兩台照相機去取代上述的木框與棉線，一台架設在一壘（或三壘）看台的上方，叫「high first」（或「high third」）；另一台則在本壘的後方看台，叫「high home」。兩台照相機同步以每秒60張的曝光速度拍攝投手所投出的球路，再將每一張相片中所拍攝的球之位置轉換成位置座標與時間。如（Fig.5-24）所示，「high first」測得$(y(t_i), z(t_i))$，「high home」則測得$(x(t_i), z(t_i))$，此處的座標軸是依據PITCH f/x系統內的設定。如此把「high first」與「high home」的結果聯結起來，我們就追蹤出每一球的飛行軌跡$(x(t_i), y(t_i), z(t_i))$。當然這系統還包含一部電腦，去將分離的軌跡點以最佳化的方式轉換成連續的軌跡曲線$(x(t), y(t), z(t))$。

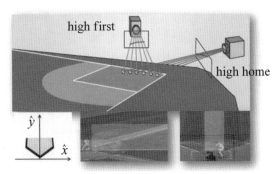

Fig.5-24　PITCH f/x系統的原理示意圖。

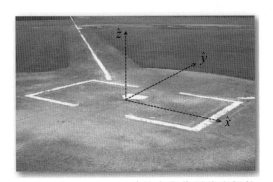

Fig.5-25　PITCH f/x系統中所使用的座標軸：
　　　　　x–軸指向捕手的右側；
　　　　　y–軸指向投手；
　　　　　z–軸則垂直地面朝上。

・GAMEDAY給球迷的訊息

　　在GAMEDAY的頁面中，PITCH f/x系統除了對投手的球種判斷外，還直接給出三個標示球路軌跡的訊息：SPD、BRK、

與PFX。其中除了SPD為大家所理解的球速外（單位：mph），
後兩項的BRK與PFX（此兩項的單位均為：英吋in）簡單說：

BRK是用來描述球飛行軌跡的弧度大小；

PFX則用來衡量球因自旋所產生的效應。

4.			Pitcher J. Broxton	Batter R. Martinez
	SPD	BRK	PFX	PITCH	RESULT
1	97	2"	15"	4-Seam Fastball	Called Strilk
2	97	2"	13"	4-Seam Fastball	Foul
3	100	2"	13"	4-Seam Fastball	Ball
4	89	7"	2"	Slider	In play, out(s)

Fig.5-26　GAMEDAY提供的訊息。在左側投手五個欄位中依續為：
面對當下打擊者所投的投球數、球速（SPD）、軌跡弧度
（BRK）、自旋效應（PFX）、球種判定（PITCH）；而在
打擊者欄位下，則標有此投球之結果。

・BRK與PFX之說明

Break

　　為描述球飛行軌跡的弧度大小，參見（Fig.5-27），定義
Break長度（BRK）為投手出手點到補手接球點所連成的直線
（兩點決定一直線）與棒球實際飛行軌跡間，於相對應時刻下
的最大差異距離。所以BRK值越大代表此球軌跡的彎曲弧度越
大。

由於每位投手投球時的跨步大小不盡相同，球離開手的放球點也不相同。因此實作上的測量始於距本壘板前端的50英尺處，而非本壘板到投手板的60尺6吋。

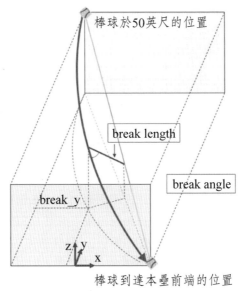

棒球於50英尺的位置

break length

break angle

break_y

棒球到達本壘前端的位置

Fig.5-27　BRK的定義示意圖。

Movement

　　為衡量球因自旋所產生的效應，定義Movement（PFX）為投手將球投出後，捕手實際接到球的位置，與一球無自旋卻具有相同出手點及速度（大小與方向）之投球下的預測位置，此兩位置間的距離即為PFK值。所以PFK值越大代表此球的自旋效應越大。

棒球實際落點

PFX

棒球（無自旋）落點

Fig.5-28　PFK的定義示意圖。

註：在GAMEDAY的訊息中雖沒直接顯示出來，但喜歡詳細分析投手
　　球路的人均可上網查看大聯盟每一場比賽中每一球的詳細資料，
　　其中Movement又分為水平方向（pfx_x）與垂直方向（pfx_z）的
　　Movement。這訊息對球種的判斷有相當的幫助。

 5.6 PITCH f/x對球種的分析

　　在介紹完PITCH f/x系統後，我們就以這個系統來檢測投手
的球路，看一看會有什麼有趣的發現。我們就以大聯盟投手於
2008年4月27日這天所投出的球來做為分析樣本，為什麼選這
天？理由簡單，台灣之光的王建民在這一天投了一場好球，獲得
勝投。不過在這一節中我們並不對王建民的球路去做特別的分
析，只是單純想要讓大家看見不同球路間的獨特性。至於王建民

的球路分析，我們留到下一節再說吧。

在這天，大聯盟總共打了15場球，101位投手上場投球，合計投了4,156顆球。但扣掉一些系統無法辨識的球，實際用來分析的是4,073顆球。（切記！在統計分析中，千萬不要一拿到資料數據就拼命地算，看一下這資料數據合不合理，可不可用！）

（Fig.5-29）中，我們使用不同的顏色與符號來表示不同的球種。還記得Break是代表球飛行軌跡的弧度大小吧！毫無疑問地，球速較慢的曲球（◇，curve ball）有較大的弧度，這點我們也不難由電視的轉播中清楚看見。變速球（×，changeup）與滑球（□，slider）除了球速上的差別外，其軌道的弧度大小倒是沒有太大差別。至於球速最快的快速球（○，fastball），其軌跡真的是比其它球種來的筆直。若再仔細看一下，在10英吋（約25.4cm）處有瞧見幾個綠色三角形的符號嗎？那就是王建民所投的伸卡球（△，sinker）！好的伸卡球要有球速也得會掉，這也是為什麼有人會說那是快速的變化球，從這個圖也多少可看出端倪來。

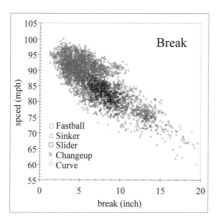

Fig.5-29　2008年4月27日這天大聯盟投手所投出的每一球，不同球種會有不同的軌跡彎曲幅度。

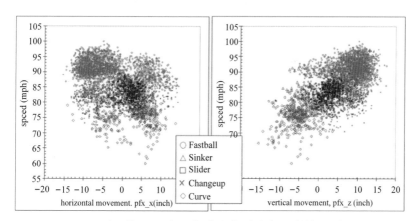

Fig.5-30　2008年4月27日這天大聯盟投手所投出的每一球，不同球種會有各自的自旋速度，因此PFX值也會不同。左圖為球速與自旋所造成的水平偏移之散布圖；右圖為球速與自旋所造成的垂直偏移之散布圖。

　　接下來，讓我們看球之自旋對球飛行軌跡所造成的影響。前面也已介紹，Movement是比較投手真實投出的球（含自旋）與同樣的初速度卻無自旋的球之差別，自旋越大其值（PFK）也越大。除此之外，PITCH f/x系統還將PFK分解為水平（pfx_x）與垂直（pfx_z）兩方向來看球種的不同。

　　（Fig.5-30右）為球速與球自旋速度所造成之垂直偏移（pfx_z）的關係散布圖。圖中我們看見了各球種除了本身球速上的差別外，其垂直偏移的大小（movement）也有很大的差別。值得注意的是pfx_z=0處代表球投出後（無自旋）僅由重力影響而下落的參考位置，所以快速球之pfx_z值均大於零的事實，清楚告訴我們快速球（○，fastball）是顆逆旋的球，向上的馬格納斯力減緩掉一些重力的影響，讓快速球不會掉下太多；相反地，正旋的曲球（◇，curve ball）下掉的程度也相當地明顯，pfx_z值均小於零。再找找看，王建民的伸卡球（△，sinker）在哪裡？可否解釋一下它對打擊者的困擾為何？

　　（Fig.5-30左）為球速與球自旋所造成之水平偏移pfx_x間的散布圖。同樣地，各球種間除了球速本身的差別外，我們也看見了因球自旋所造成的水平偏移，除滑球（□，slider）較小外，其餘的球種並無太大的不同。但很明顯的是，各個球種相對於不偏移的中心位置（pfx_x = 0）都約略呈現出左右對稱，為什麼呢？答案不難，這就是左右投手所投球路的差異！且由於右投手還是來得比左投手多一些，也因此我們不難根據圖中左右稍微不對稱的投球數分布，來判斷同一球種卻由左右不同投手所投出的球，在圖中應屬於哪一區塊。也建議讀者能配合5.4節最後

的小小練習題，來發掘投手球路背後的科學解析。

　　此外，我們也繪製了球自旋所造成的垂直與水平偏移間的散布圖（Fig.5-31）及球速與此Movement總量（PFX）之散布圖（Fig.5-32）。同樣地，不同球種的軌跡確實有它不同的偏移傾向。其中位居圖形中央的滑球（□，slider），其自旋似乎對其飛行軌跡的偏移影響不大。或許我們會猜測是因為滑球的自旋速度不大，然而事實並不然！之前我們也曾提及，滑球的自旋速度大小是介於快速球與曲球之間。那為何滑球的自旋偏移值（PFX）就是特別的小？想想看還有什麼樣的可能原因會造成此不大的PFX偏移？這問題我們在下一章中藉由打擊者的角度去看，或許可得到一些答案。

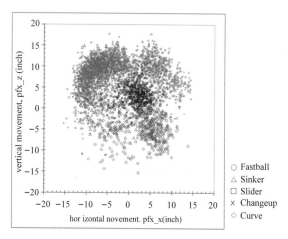

Fig.5-31　2008年4月27日這天大聯盟投手所投出的每一球，球自旋所造成的垂直與水平偏移間的散布圖。圖中我們可看見每一球種，各自有它獨特的偏轉模式。

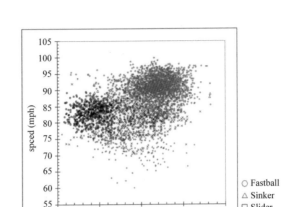

Fig.5-32　2008年4月27日這天大聯盟投手所投出的每一球，球速與自旋所造成之偏移量（PFX）間的散布圖。

最後，我們也整理了2008年4月27日這天所有球種之投球數比例，及其平均速度（出手速度、進本壘速度、及球速降低的百分比）：

球種	Fastball	Slider	Changeup	Curve	Sinker
投球數	2426	608	524	481	34
所佔百分比	59.56%	14.93%	12.87%	11.81%	0.83%
初速（mph）	90.8±3.2	83.0±2.9	81.5±3.3	76.1±4.0	88.2±3.0
末速（mph）	82.8±2.8	76.4±2.7	75.0±3.2	69.8±3.8	82.3±2.7
速度損失	8.81%	7.95%	7.98%	8.28%	6.69%

很明顯的，快速球仍是大聯盟投手最常使用的球種。

　　至今已不再有人會問──到底有沒有曲球存在？但投手球路

所飛行的一眨眼時間,早先除了聽球員的描述外,實在也令人難以去察覺球路間的細微變化,更別說證明了。所幸當今我們已可藉由PITCH f/x系統的分析,讓我們不僅「看見」了曲球的存在,還可如此仔細地量化分析每顆球的飛行軌跡,這無疑會對棒球的比賽造成不小的衝擊!

5.7 王建民得意與難過的一天

　　台灣棒球與大聯盟的接觸,從早先的譚信民、高英傑、李來發到趙士強,給人的感覺總是若有若無。即便我們有那麼厲害的投手郭源治、郭泰源與莊勝雄,以及有「亞洲巨砲」之稱的呂明賜,但日本職棒總是他們的第一選擇,大聯盟終究是個遙遠之路。直到2003年7月26日曹錦輝的大聯盟初登板獲勝,台灣棒球在大聯盟才真的開始展露頭角。而真的把台灣球迷的目光,或說是把台灣所有人的目光,移至大聯盟的選手無疑就是王建民。沒有人能真的預測到他2006、2007連兩球季的十九勝,若大家能夠回想起那兩年的台灣氣氛,王建民的表現與新聞恰好填補了那條裂縫,成為台灣社會的黏合劑,棒球再一次地表現出台灣國球的價值與意義。也幸好台灣有個王建民,讓台灣多了一點美好。

　　帶著連兩球季十九勝的王建民,進入2008年的球季已是洋基隊的指標人物,甚至還獲得開幕戰先發的殊榮,四月的前五場比賽便已獲得四勝零負的佳績。四月的最後一次先發,2008年4月27日這天,王建民將對上克里夫蘭的印地安人隊,王建民的表現依舊亮眼,主投七局,僅被擊出四支安打,無失分,還少見

地三振了對手九次之多,更重要的是又拿下一場勝投。

date	Game	W	L	IP	H	R	ER	HR	BB	SO	NP-S	GO-AO
2008.04.27	@CLE	1	0	7	4	0	0	0	2	9	113-73	5-6

Fig.5-33　王建民的投球連續動作。

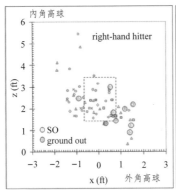

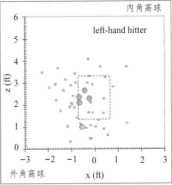

Fig.5-34　王建民於2008年4月27日這天的投球位置。此圖是以捕手的
視野為基準,左圖為右打者,右圖為左打者。中間小方格代
表好球帶的概略位置。

　　常聽人不斷地強調投球位置（location）的重要性，畢竟投手控球力不佳，投不進好球帶，球在快，變化在大都是沒有用。我們就先看一下這天王建民的投球位置（Fig.5-34）。圖中可顯示出，王建民對右打者投出外角低球與左打者的外角高球是這場球的策略，而外角低球也是多數投手面對打擊者的保險做法。至於球速快的高三振型投手，常看球賽的人應都知道，內角高球會是投手常去挑戰打擊者的位置。

　　雖然這投球位置看來真的很重要，但也有人提出一個小小的實驗，在好球帶的任意角落設定一個位置（可以繩懸掛小物體於此位置），你就拿起球棒盡力揮擊，十之八九你是可擊中物體的！更別說是大聯盟的選手。這小實驗想說明的是人對空間的掌握能力是很準確的，但在時間的掌握上就不準確了，這很符合我們之前所說的──投手的工作是要搗毀打擊者的時間感！球速間的差異更是重要。當然，投手以什麼樣的球路軌跡到達所預定的投球位置也是另一個重要關鍵！對此的檢視，PITCH f/x系統可就派上用場，我們也以王建民的另一場比賽來做爲對照的說明。

Fig.5-35 　王建民的時代來到了2008年有了重大轉折。雖然球季一開始
有好的開始，還獲選四月的最佳投手，但從五月中旬開始出
現了近一個月的低潮，怎麼投都不對。好在到了六月十日這
天才又投出場好球，7.1局失一分的勝投。看來王建民就要恢
復正常了，下一場六月十五日的跨聯盟比賽的前五局也未失
分，孰料一個跑壘傷了腳，把王建民送進傷兵名單，也開始
王建民的球員生涯之另一階段挑戰。

Fig.5-36 　王建民難過的一天。傷後復出的第一場比賽，僅投3.2局掉七
分後就黯然下台。

　　不同於其他的球賽，看棒球始終存在一個不解的兩難，尤其是我們只專注在一位投手的身上。你會想多看他一下，但每當這位投手站在投手丘上，滿足我們內心的需求多投了幾顆球，多半是他面對了危機。我們想看他投球的期盼，似乎也害了他。2009年4月8日這天是王建民自上個球季受傷後的再次出賽，全台灣球迷期盼的這天終於來到，但王建民在這天卻遇見了大麻煩。僅投了短短的3.2局，卻已投出73顆球，丟了七分，全屬自責分，這一天鐵定是王建民難過的一天。我們也以他這天的投球內容做為表現好與壞的對照。

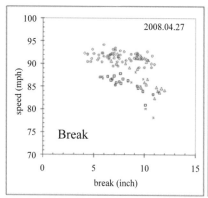 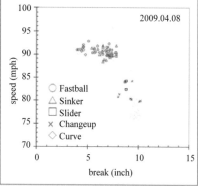

Fig.5-37　　球速與球路軌跡的散布圖。王建民在2009年的比賽中球速雖然降了一些，但我們可看見的最大差別在於2008年的投球中，即便是同種球路其軌跡彎曲度也有很大的差別；反觀2009年的投球上，所有的球路都無太大的差異。更值得注意的是王建民的拿手武器「伸卡球」在這兩場比賽中不同。

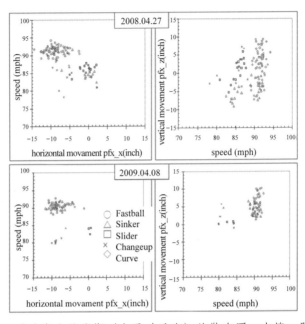

Fig.5-38　球速與自旋影響（水平／垂直）的散布圖。本節一開始我們
曾提及投球位置的重要性，畢竟投球位置會影響到好壞球的
最後判決。但也說到人對空間位置的掌握能力，單純的投球
位置——內角、外角——是難不倒大聯盟選手的。我們也常
聽球評說某某投手今天的球會不會跑，什麼是會不會跑？對
照王建民於2008（上圖）與2009（下圖）兩場比賽的Move-
ment可能就清楚一些。2008年那場比賽的球會跑多了，就以
快速球為例，即便每一顆球的球速相近，但因自旋所造成的
軌跡影響，還是讓每一顆球看起來非常的不一樣，這讓打擊
者對球路的判斷上真是一大困擾；反觀2009年的那場投球，
即便不同球種，自旋所造成的影響差異還是不大，可見球種
的使用效果並沒有達到王建民所預期的。這也是我們之前所
說的，以什麼樣的方式到達投手期望的投球位置才是關鍵。
比較一下王建民的拿手武器「伸卡球」在這兩場比賽中的不
同。

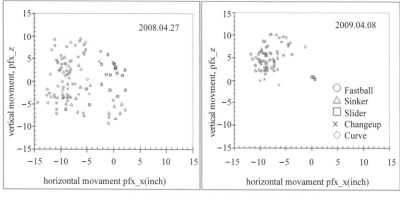

Fig.5-39　自旋對垂直與水平偏移影響的散布圖。

5.8 PITCH f/x下的蝴蝶再現

蝴蝶球飛行時，就像醉漢走路，左右搖擺。

—棒球作家，Tom Weir

觀看打擊者在追打蝴蝶球，就像看人們在電話亭內捉蝴蝶一般。

—蝴蝶球投手，Charlie Hough

　　數十年前人們對是否有曲球的爭議，今天似乎已取得共識了。但投手技倆的神話與傳聞並不會因此而消失，畢竟這是棒球文化的一部分，也的確讓棒球在觀看上更加有趣。2012年R.A. Dickey不可思議的表現，看他五月下旬起的連續六場比賽內容（下表），撇開蝴蝶球所引起的話題，翻開棒球史來看，都不曾

有哪位投手能夠有如此精彩的連續表現

date	Game	W	L	IP	H	R	ER	BB	SO
2012.05.22	@PIT	1	0	7	5	1	1	0	11
2012.05.27	SD	1	0	7.1	3	0	0	1	10
2012.06.02	STL	1	0	9	7	0	0	0	9
2012.06.07	@WAS	1	0	7.1	4	0	0	2	8
2012.06.13	@TB	1	0	9	1	1	0	0	12
2012.06.18	BAL	1	0	9	1	0	0	2	13

　　謎樣的蝴蝶球隨著2012年的R.A. Dickey又再次成為大家所討論的球種焦點，也讓人們想對蝴蝶球的飛行軌跡好好的研究一番。然而我們之前也說過，若想要對蝴蝶球做一徹底的瞭解，可能需要回到流體力學的基本研究上，難度也就相對地增加了許多許多。不過藉由PITCH f/x系統我們倒是可看看蝴蝶球在軌跡上與其它球種的差別點在哪？

　　對棒球物理研究甚多，現今於伊利諾大學物理系，專長於高能物理實驗的Alan M. Nathan，由於他是位忠誠的紅襪隊球迷，隊中也有一位才剛退休不久的蝴蝶球名投手Tim Wakefield，於是Nathan就以PITCH f/x系統比較Tim Wakefield與隊中另一位王牌投手Jon Lester於2010年球季所投的每一顆球。結果發現：

　　1. 令球迷訝異的是 —— 蝴蝶球的軌跡並不像是醉漢走路，而是與其它的球種一般，有平滑的飛行軌跡。說實在的，這樣的軌跡是比較有道理，即便蝴蝶球投手已刻意不讓球旋轉，但終究還是在軌跡中轉了將近1/4圈左右

（這還是得看投手而定），所生成的馬格納斯力只要夠大，整體來說對球就會產生一個較為固定方向的合力，球的軌跡應該是一條平滑的曲線。雖是如此，印象中我還真的看過一球醉漢走路的蝴蝶球，莊勝雄於古巴哈瓦那對上地主古巴隊所投的一球，但也僅此一球讓我覺得那是醉漢走路。棒球的物理就是如此具有挑戰性，所有的結論都會受到球迷隨時以印象來考驗。

2. 而讓球迷可欣然接受的是 —— 對一般投手的不同球種，各別球種的自旋軸方向大致會一樣，因此自旋所造成的偏移方向也就大致會相同；至於蝴蝶球就沒有這樣的現象，「不小心」所施與的自旋軸方向會是任意的方向，也因此自旋所造成的偏移方向也就是隨意的！難怪打擊者沒有辦法去掌握蝴蝶球的飛行方向。

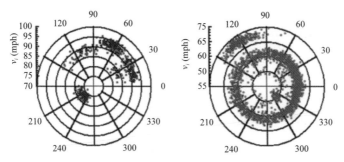

Fig.5-40　球速與自旋偏移（Movement）方向的極座標散布圖。左圖為Jon Lester所投的球，不同球種之Movement會有不同的方向，也因此聚集在圖中不同的區塊，例如聚集在50°～80°之間的是球速約90～95mph的快速球；反觀右圖Tim Wakefield的球路，其66mph左右的蝴蝶球，Movement的方向真是隨意，什麼方向都有可能。

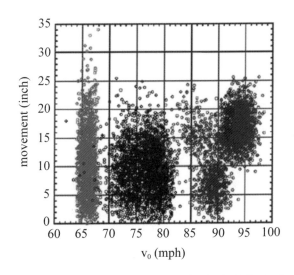

Fig.5-41 球速與自旋偏移（Movement）大小的散布圖。續上圖之解說，蝴蝶球的Movement不僅方向隨意，連偏移的大小也是隨意，無法預測。圖由左至右依次為Tim Wakefield、R.A.Dickey與Jon Lester所投的球。

5.9 口水球

可憐的Ray Chapman在宣布即將退休的那年卻倒了下來，只是那樣離場的景象真叫人鼻酸心驚。Chapman被投手投來的一球正中耳上的頭顱，甚至沒有人真的看見他的倒下，只是目光沿著球的走向，看到投手的接球短傳，眾人平凡地覺得Chapman要在一壘前被封殺出局。但Chapman並沒有離開他的擊球區塊，只是默默地倒下。十小時過後，紐約聖勞倫斯醫院傳來Ray

Chapman的死亡消息，死因是被投手的球擊中頭部。

Ray Chapman並非是死於球場上的首位大聯盟選手，但卻是直接導致聯盟對「球」本身的重視，之前投手為了不讓打擊者看清球路，投手總愛在球上動一點手腳。但從今以後不能在球上再玩花招了，塗泥巴、抹油酯、擦砂紙，還有不能在球上吐口水。總之，裁判有責任把比賽中的球保持乾淨，好讓打擊者能看清楚球。

很正常，本來就應該如此。但問題來了，以前沒有人禁止我這樣做啊！我就是藉這些手段在這競爭的球場上掙得一席之地，如果一條命令禁止我去投我的拿手武器——「口水球」，我的工作權無疑地是會在看似公平的假象下給剝奪，那我該怎麼辦？

法律不外忽有情理法上的考量，就訂個落日條款吧。於是1920年的棒球規則修訂中，在對投手做出一堆的禁止事項之後，還是加上了一段特別允許的但書，凡此修正案訂定之前已進入大聯盟的投手，為顧及其工作的保障，聯盟允許每隊可報備兩位投「口水球」的投手。如此，Burleigh Grime也以大聯盟中最後一位口水球投手於1934年風光地退休，結束他十八年的球季。雖然Grime的270勝212敗的成績看似還好而已，也不能說不好，但與名人堂的標準相比是有段距離，然而或許是因為一些特殊的歷史地位，Burleigh Grime也於1964年被選為棒球名人堂的堂主。

Fig.5-42　　打擊者在早期的棒球比賽中並沒有戴上保護頭部的頭盔，或許這才是造成Ray Chapman身亡的主因。在1920年悲劇發生的前兩年，Chapman才得到聯盟的球季得分王，可算是一位明星球員。且1920年球季前才娶了一位富商的女兒，正準備退休從商。誰知道，命運如此。

Fig.5-43　　Burleigh Grime，大聯盟歷史上的最後一位口水球投手。

棒球規則3.02

球員不得故意汙損或使用泥土、松香、石蠟、甘草、砂紙、金剛砂紙或其他物質磨擦球。

棒球規則8.02

投手之禁止事項如下：

……(6)投所謂的抹滑的球（Shine Ball）、唾液球（Spit Ball）、沾泥球（Mud Ball）或磨粗的球（Emery Ball）。但投手得以徒手摩擦球。

至於投手在球的表面上動手腳有道理嗎？以科學來看是肯定的，無論你是去增加或減少球表面的粗糙度，都會影響到氣動力的大小；若你改變的是球局部的表面，例如只刮上幾痕，或抹上一點凡士林，這將造成球表面特性的不對稱，那氣動力的方向也就大不同，也因此你可投出很不一樣的變化球。

當今還真的有人投這非法球嗎？有！但多少就無從得知了。就有位球評曾這麼說：「當投手詐欺，投了一顆非法球被裁判抓到了，有證據，那就是非法球；可是如果沒有證據，沒有被抓到，那就是投手的技藝。」

Chapter 6

球來就打……
變化球怎麼打

在大聯盟前後打滾四十多年，先是球員，後成為名教練的Lou Piniella認為：打擊者必須隨時注意球賽當下的狀況，好猜測對方投手可能會投出什麼樣的球。是否要投出伸卡球來製造滾地球？如果一出局三壘有人，投手是否會投顆快速的內角高球來三振他？如果左打，對方游擊手又靠近三壘，這時候的投手是不是要投出內角球？如果對方外野手都往右移，投手是想投快速球嗎？那往左移，會是曲球嗎？

幫球隊拿下五次世界大賽冠軍，素有「十月先生」之稱的Reggie Jackson也表示：防守的二壘手與游擊手因為看的見捕手的暗號，所以打擊者可藉由他們的防守位置來猜測投手即將投出的球路。看來打擊者多少還是會想盡辦法去猜測投手的球路，或是一些與投手心智角力的獨特見解，像有些選手就是不去打第一球，而且還可說出一番大道理來。

但本章所要講的並不是這些涉及心理層面的投打攻防戰，而是打擊者面對投手所投來的球，在沒有猜測之下，他是否能夠真的去看清楚投手的球路，進而揮出漂亮的一擊；還是僅能球來就打，見招拆招。

> 怎麼會說投手是防守的一方呢？要把球投到何處、什麼時後投、怎麼投，都是依他的意向與技能而定，他是一個不折不扣的攻擊者。反觀打擊者，只能被動地反應投手的投球。
>
> ——棒球作家，Leonard Koppett

人生在世得要有個遵循的目標，無論是一天，還是一輩子都一樣。我的目標是要聽見人們說：「現在登場打擊的是——史上最偉大的打擊者——Ted Williams」

—Ted Williams

6.1 打擊者的難處

威廉斯（Ted Williams）常在比賽中問多爾（Bobby Doerr）：「你剛剛擊中的是什麼球路？」而多爾總是說他不知道，他只是站在打擊區，見球就打而已。此時威廉斯總是會回他：「去你的！巴比‧多爾這傢伙怎麼可以不知道自己所打中的球是什麼鬼球路？」然後多爾就會解釋：「因為我是個站在內野中央地帶的野手，隨時可能要處理迎面而來的球，或者至少要有心理準備；而你卻是個外野手，怎麼可能了解我的守備壓力？內野的守備責任讓我無暇顧及其它事。」

摘自：隊友情深《The Teammates：A Portrait of a Friendship》by David
    Halberstam（陳榮彬　譯）

一個很實際的問題：

打擊者到底是如何去判斷投手所要投出的球種？

是猜的？還是在投手投出的瞬間，打者能否看出一些端倪，做為他是否要出棒打擊的依據？

在回答這些問題之前，我們不妨來看看打擊者所面對的難處有什麼？

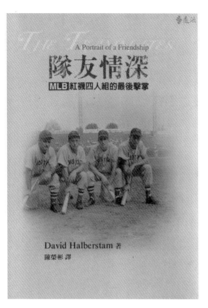

Fig.6-1　霍伯斯坦（David Halberstam）所著的《隊友情深》，乃波士頓紅襪隊1940年代四位明星球員間的故事（Ted Williams、Dom DiMaggio、Bobby Doerr、Johnny Pesky），描述他們在人生逐漸衰老的過程中，如何褪去昔日的光彩，轉而去面對脆弱生命的正常人，是一部深刻描寫人性的小說。

大聯盟上一次打出球季四成打擊率的Ted Williams曾說：「棒球場上的打擊是所有運動場上最困難的單一行為」想想站在打擊位置上，要打中一顆投手投來的球，你必須做好哪些事？對你的球棒控制好擊球點位置（球棒的甜蜜點位置（3個變數）與

球棒棒身的方向角度（3個變數））、球棒的平移速度（3個變數）與轉動速度（3個變數）與擊球的恰當時間（1個變數）。在這總共13個變數中，你都有可能犯上太快或太慢，太高或太低的差錯，而導致打擊的失敗。這也是我們常對打擊者所揶揄的，每一次打擊都有26種方式走向失敗。當然在這麼多的失敗方式中，並不是每一項的缺失都具有同等的致命關鍵。而在這些打擊變因當中，又以對時間的掌握這項最為困難，這也是為什麼名人堂級的投手Warren Spahn會說 ── 投手的任務就是要搗毀打擊者的時間感。

　　既然如此，我們就來看一下打擊者對時間所需的掌握為何：為簡化問題，我們不計空氣阻力與球自旋的影響。（Fig.6-2）所示的為球速90mph（40m/sec）的速球，球投出到本壘約須0.45秒的時間（圖中球經過每相鄰兩點約花費0.025秒）。又一般選手從開始揮棒到球棒通過本壘中心約須0.15秒的時間，如此推斷若要恰當地擊中球，那打擊者在球飛至本壘前6公尺處就必須開始揮棒。而開始揮棒之前，打擊者必須……

　　花至少0.1秒的時間，去看見球並將其影像傳送到腦中；然後再花0.075秒，好讓大腦處理所獲得的影像、球速與飛行軌跡等訊息。

　　這時打擊者大概僅有0.035秒的猶豫時間！

　　因為在大腦中至少還得花上0.025秒，決定要不要揮棒；緊接再以0.025秒的時間決定如何揮棒，高、低、內、外；最後大腦將訊息開始傳遞出去，好讓打擊者的身體開始跨步準備揮棒，這步驟還得花上0.015秒的時間。所以開始揮棒前，打擊者總共

得花上約0.065秒的時間來處理訊息！

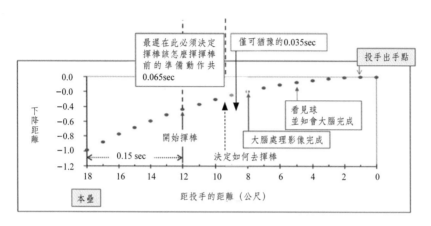

Fig.6-2 打擊者於打擊過程中所需處理的工作。

我們真的要說——打擊不是件容易的任務！

Fig.6-3　打擊時間的掌握是困難的。然而棒球也並非是球速最快的球類運動，網球的發球就比投手的快速球還要快！但若看見網球選手接發球失敗，不是趕不上，而是揮拍落空，那肯定會是很糗的一件事。但棒球的揮棒落空，就不是什麼大驚小怪的事。所以也別忘了！打擊根本的困難在於球棒的截面積是比球本身來的小一點的，如圖所示，球棒最粗的部分不得大於7公分，而球的直徑約略是7.4公分。

　　打擊率三成就是優越的表現，從這三成的數字就可看出打擊的困難。除了打擊外，還有哪一種事只要完成百分之三十就說是優越的？學生考試只會百分之三十怎能及格？律師只贏百分之三十的案件，怎能算是好律師？

　　　　　　　　　　　　　　　　—紅襪隊的明星球員，Wade Boggs

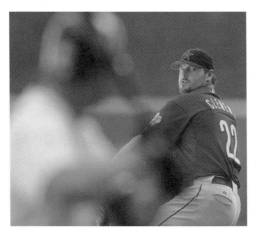

Fig.6-4　火箭人——Roger Clemens，除了球速快外，更令打擊者膽戰
　　　　心驚是他的凝聚力。看他投球當下的眼神，外加他那巨大的
　　　　身材，真的像是一艘已加足馬力準備待發的火箭。這對一位
　　　　菜鳥打者來說，若非心臟夠強壯，光是看他正對著你投球過
　　　　來，就是一大挑戰。對了，火箭人絕不吝嗇投顆內角高球給
　　　　你，這是強力投手所愛用的好武器。

　　回到本節一開始的問題：

　　打擊者面對投手不到0.5秒的來球，該如何應付呢？

　　賽前對當日即將碰到的投手做一番功課是必需的，了解投手
的配球習性。相對地，對方的投手也會對打擊者的習性做同樣的
準備。投手與打擊者間的心防爭鬥，投手出手前的兩方對峙，以
及騷動前的寧靜，或許才是真正吸引老球迷沉迷於球場中的氣
氛。就當投手已下定主意去出張牌，開始展開舉臂與抬腿的當
下，那打擊者該如何去破解它？並給它致命的一擊！

教練可能會有幾個要點去提醒打擊者：注意投手的手肘角度、出手點、球出手時的飛行仰角、或是可偷瞄到投手的握球方式。

但如果你真的是一位好的打擊者，你該知道，最可靠的方式是觀察球出手後的自旋模式！對不同的自旋形式，棒球上的紅線會呈現出不同的樣貌，這可是投手無法掩藏的破綻。

6.2 紅線密碼

我們已在上一章中說明球投出後的自旋，其自旋快慢與方向決定了此投球的特有球種。球上的紅線可幫助投手在出手時對球的施力變化，這是投手的技倆。但鮮明的紅線也看似公平地提供一些球種線索給打擊者，端看打擊者的功力是否能夠解讀這紅線密碼。

我們就以一個簡單的實驗來說明此紅線密碼。實驗裝置如（Fig.6-5）所示，左邊圖為「四縫線快速球」（圖左），右邊則為「二縫線快速球」。由於快速球的轉速大約是每分鐘1,200轉，我們也就把電鑽調至對應的轉速。旋轉後，我們是明顯可看見差異：在「二縫線快速球」這邊我們可清楚看見兩條紅色直紋分立於球的兩側；反之「四縫線快速球」則沒有這樣清楚的條紋，若可近看也僅是點點一散即過的紅斑線。

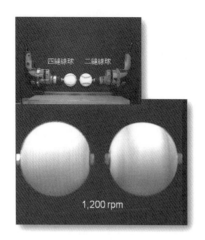

Fig.6-5　由於我們人腦處理視覺影像需要時間，即便所需時間很短，
　　　　還是讓我們會有俗稱為「視覺暫留」的現象出現。這讓迎面
　　　　而來的自旋球，因其紅線所處方位的不同，所呈現給我們的
　　　　樣貌也會不同。圖左為迎面而來的「四縫線快速球」，圖右
　　　　則為「二縫線快速球」。

　　為何會如此呢？基本原理就如同我們看電影一般，利用我
們視覺上的能力限制，人對亮點閃爍頻率的辨別極限大致為每
秒16下左右，即16赫茲（Hz）。也就是說，當亮點的閃爍頻率
快過16Hz，我們是無法分辨出此亮點有在閃爍，而是持續地亮
著。傳統上的電影為每秒24格畫面，因此讓我們覺得電影中的
影像是連續的動作。

　　那快速球的每分鐘1,200轉，即每秒鐘20轉，這轉速已超過
人可辨識的極限。所以球投過來時，我們是無法看見紅線縫合處
的各別條紋，而是一體的整條紅線。對迎面而來的「二縫線快速

球」，讀者現在不妨拿顆球出來理解一下，轉一圈，球兩旁的紅線會成兩條紅色直紋分立於球的兩側，球中間部分讓我們對它命名為「二縫線」的紅線是看不見的，因為絕大部分的時間，我們所看見的是白色的球表面；至於迎面而來的「四縫線快速球」，轉一圈，橫在前面約略平均分布的四條紅線，相當於出現頻率為每秒80次的紅線，理應可全都連在一起，不過就像「二縫線」的中間部分，我們絕大部分的時間是看見球本身白色的表面，所以我們也僅能看見白色的球，頂多只是若隱若現的紅斑線。

問題是我們真的能看見這差別嗎？或是球距離我們多遠的地方，我們方可辨識出紅線所呈現樣貌？也有研究者針對此問題，以一般人的普通視力做為實驗對象，實驗結果發現：球自旋速度的不同對紅線的辨識距離僅是些微的差別；但「二縫線快速球」是比較好辨識出來，球大概飛行至距離我們16英尺處（4.8公尺），「二縫線快速球」的明顯特徵就可被辨別出來；而「四縫線快速球」則必須到大約10英尺遠處（3.0公尺）才可被辨識出來。

可惜！之前我們已提及球在6公尺前打擊者就得揮棒。如此一般人在辨識出二縫線或四縫線快速球時，似乎已為時已晚。至於大聯盟的選手可不是一般人，他們可在多遠的地方辨別出來？可否利用此線索幫助他們的打擊？則需要進一步的研究。

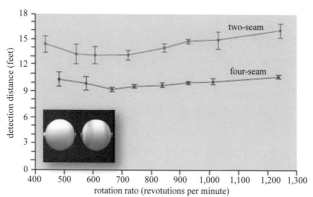

Fig.6-6　迎面而來的快速球，距離我們多遠時可辨別出「二縫線」或「四縫線」？圖之縱軸為距離（英尺），橫軸為棒球之轉速。

　　對此動態物體的辨別與反應能力，直接關連到每一個人所謂的「動態視敏度」之能力（dynamic visual acuity），我們一般人是可讀出置於33轉唱盤上轉動之唱片上的標示文字（唱片復古風再流行後，現在我們稱之為「黑膠片」），但這已是我們一般人的極限。據說，Ted Williams可讀出78轉唱片上的文字，這能力可是大大地優於一般人。

　　或許當你辨別出「二縫線快速球」或是「四縫線快速球」時，對打擊者已沒有實質上的幫助，但對於滑球的辨識功力，則可區分出大聯盟打擊者的能力與身價。研究者也曾針對15位大聯盟的選手調查，發現其中的8位打擊者有看見滑球應有的特徵：

　　・（Fig.6-7）左邊的球，其右上方會出現一個美國一角硬

幣（dime）大小的紅點，這是「四縫線滑球」的特徵；
- （Fig.6-7）右邊的球，其右上方會出現一個美國五分錢硬幣（nickle）大小的紅線圈，這是為「二縫線滑球」的特徵。

註：（Fig.6-7）所模擬的是打擊者面對一位右投手所投出的滑球，其紅點或紅線圈會出現在球的右上方。但若是左投手所投的滑球，這紅點或紅線圈便會出現在球的左上方。這點讀者可自行想想看為什麼？

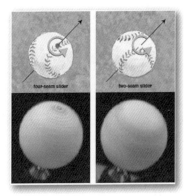

Fig.6-7　圖左為迎面而來的四縫線滑球，圖右則為二縫線滑球。

滑球之所以會出現紅點或紅線圈的特徵，對我們理解滑球之自旋軸方向提供了可貴的線索。不同於快速球或曲球的自旋軸方向，大致會在垂直於地面的平面上，若根據PITCH f/x系統之座標軸，即x-z平面上。而滑球的自旋軸則有相當的程度會指向打擊者，參見（Fig.6-7），也就是這個緣故讓滑球的上緣位置出現了紅點或紅線圈。這也回答了我們於上一章所留下的一個問題，滑球的自旋速度並不小，但由於其自旋軸與飛行方向所夾的

角度小於90°許多，這可讓馬格納斯力也跟著小了許多（參見第三章中對馬格納斯力的介紹）。

> 打擊時如何去判斷投手要投什麼球呢？一般說來，曲球投出時會上升，快速球是白色的，而滑球是可看見明顯的紅點。
>
> ——紅襪隊的明星球員，Wade Boggs

Chapter 6

Fig.6-8　看來Wade Boggs對球種的觀察是完全正確的！這也難怪他在球員生涯中渾然就是一位安打製造機，在十七個生涯球季中僅三年的打擊率未達三成，還締造過連續七個球季安打超過兩百支的紀錄（1983～1989），這記錄後來才被鈴木一朗所打破。生涯前十年待在紅襪隊，直到1993年球季被挖角至死對頭的洋基隊，並於1996幫助洋基拿下18年來的再一次世界大賽冠軍，也開啓另一世代的洋基王朝。唉，紅襪與洋基總是有說不完的故事。生涯最後的兩年則到了新成立的坦帕灣魔鬼魚隊（1998），還打了該隊歷史上的第一支全壘打，更重要的是在這裡Boggs打出了生涯的第三千支安打，也把自己打進了名人堂。總計Boggs一生打了3,010支安打，在這麼多的安打中全壘打僅有118支。

　　本節中，我們介紹了棒球的紅線對打擊者所透露的投手球路。好的打擊者的確是要有好的眼力。也有很多人把Ted Williams的好打擊歸功於他的好眼力，但Williams對此說法卻感到非常的不高興，認為這樣的說法是忽略掉了他的努力。他也時常提起，在著名的打擊者當中，沒有人練習揮棒的次數會多過於他Ted Williams本人。可見即便是天生好手，但不斷不斷地練習才是鍛練出傑出運動員所該有的態度。

> 我總覺得投手是球隊中最笨的一員，
> 他們除了投球之外，什麼都不會做。
>
> —Ted Williams

> 因為好的投手總是比好的打擊手多，
> 這證明打擊是比投球更難學習的。
>
> —Nolan Ryan

Chapter 7

棒球的特性

如果問人「棒球」這顆球最特別的地方在哪裡？鐵定眾人的答案是它的紅線，以如此看似對稱，卻又以令人不解的方式，均勻地座落在球的表面上方，來宣稱這是人類於球面上的最佳藝術品。一點也不為過，這顆「棒球」不僅外表上的美，其所帶來的流行文化，更牽引出我們與過往歷史間的聯繫並不是真的那麼遙遠。即便棒球場上的千變萬化，我們今天還是在使用一顆與百年前幾近相同的球，即便它的製作方法已由純人工走進了機械的時代，但在製作的最後階段，還是得靠人們的雙手去將兩百一十六針的紅線給縫上，以告示一顆棒球的誕生。試問我們身邊所用的事物，還有哪一件東西是如此地遵循傳統儀式？棒球是講究傳統的文化。

同樣的一個問題問上了物理學家，「棒球」這顆球最特別的地方在哪裡？或許他會告訴你，這顆球很硬，但它的彈性不太好！至少與別的球類相比較，它的彈性還真是滿差的，這個獨特的性質應該才是「棒球」這顆球最大的特點。如此我們就開始想去問為什麼？倒不是想去問為何要把「棒球」的彈性做的如此不佳。早在百年前棒球運動的草創時期，試試打打，我想「棒球」已在錯誤嘗試法下發展出它的「最佳」彈性，就是這樣的彈性讓我們的遊戲最好玩。然而，物理學家想問的是，什麼樣的原因造成「棒球」有如此的彈性？我們又要如何去界定彈性的好壞？看來這顆傳統的「棒球」還隱藏有不少的科學問題！而為了回答這些疑問，我們便得引進一個物理學中相當重要的概念——「能量」，即便這是日常生活中常聽的詞彙，但「能量」是什麼？這將是本章所要給讀者的物理課。

7.1 棒球的演進

> 　　一顆棒球約五盎司重，九又二分之一吋的圓周乃是用兩百一十六針紅線所縫起。這球圓又光滑，人們拿起球的剎那間，隨即就令人感覺到——這球唯一的美妙用處……就是要讓人投出！
>
> 　　　　　　　　　　　　　　　　—費城運動專欄作家Bill Lyon

　　好像真的就是如此。隨便在紙上畫個即便不圓的圓，隨後加上兩條紅線，便讓我們這些棒球迷無法不去有棒球的聯想。若能看見實體，拿起來丟上幾球也成了人類原始慾望的表現。至於社會中存有多少如此的棒球迷，當然就得看根植於社會土壤上的棒球文化有多深厚。想到這裡，沒有人會去懷疑棒球的天堂在美國，無論他們有無在國際賽中拿到冠軍，成績不會是棒球在美國被稱為「國家娛樂」（National Pastime）的重點。成績不是重點！類似的道理，棒球被稱為是台灣的「國球」也是如此，必定還有它更深一層的歷史文化與淵源，聯繫著棒球與台灣。

　　不管怎麼說，棒球的長相已隨棒球的文化深植於我們的腦海，好像這顆球理應就該是長成這個樣子。實情當然不是如此，那「棒球」的當初模樣會是如何呢？話說在「棒球前史」的階段，想玩球就得自己做顆球（這工作大半落在投手的身上），而球要怎麼做才可讓這一投一打的遊戲好玩，的確會是考驗大家的智慧。比賽要好玩，基本的原則就是球被打擊出去後，守備

一方的處理時間需與跑壘所需的時間有所匹配，也唯有如此才能讓比賽的競爭性出現。那球該怎麼做？它的大小與重量該多少？也別考慮太多，先把球做出來玩玩看，便是最佳的評斷方式。所以錯誤的嘗試

棒球嗎？

中，球的製作方法也就不斷地更新。話說有位補鞋匠就以製鞋所用剩的橡膠做為球心，然後綑繞上棉線，最後再以皮革做為球最外層的表面。口語相傳下的口碑，「棒球」之原型就如此誕生。至於球表面的皮革該怎麼縫才好，則又是另一段的演進過程。

　　總之，在早期的棒球比賽中，即便是球本身也充滿著變異性。根據自己球隊的優缺點，做顆有利於自己球隊的球便成了天經地義之事，於是主場優勢隨處可見。然而當人們開始在意比賽的輸贏，比賽的公平與否便開始成為大家的討論焦點。1858年，距全美第一個棒球俱樂部的成立已過了十多年，紐約市的許多棒球俱樂部也開始想對棒球制定一個較明確的比賽規則，包括對這顆棒球的標準化規定等等。於是在這年組織了一個重要的協會「棒球員國家協會」（National Association of Base Ball Player，NABBP），也是在這一年，有人設計了我們現在所熟悉的棒球縫法，還申請了專利賣給當時少數存在的棒球製造商。歷史上，紐約市在美國政經各方面上的日趨重要，也逐漸讓「紐約市版的棒球」成了棒球的標準玩法，包括球的標準化，也就如此地流傳下來。

Chapter 7

Fig.7-1　在早期棒球的發展階段，即便是棒球的規則玩法在不同的城市中都已不盡相同，就更別說這顆球了。球往往需由投手自行製作，很自然地，連縫合球表面皮革的方法也不盡相同。圖左邊為1830s-1840s年代所常見的棒球，在經過不斷地改進後，到了1850s年代，俗稱「剝檸檬皮」的縫法倒是盛行了一段時間，圖右便是這種縫法所製作的球，正反兩面看去的樣子。這些「剝檸檬皮」的球有一共同特點是比現今的棒球來得小與輕，也較軟。

規則1.09

　　球是由軟木、橡膠或類似材料為蕊，捲以絲線並由兩片白色馬皮或牛皮緊緊包紮並縫合。其重量不得少於5盎司或重於5.25盎司（141.8～148.8公克），周圍不得少於9吋或大於9.25吋（22.9～23.5公分）。

規則1.09是現今棒球規則中對球的限制，也是一條延用已相當古老的規則，從1870s年代起就沒什麼更動。在這條有點概略的規則中，的確給了我們許多動手腳的空間，球內部如何去做？這的確會影響到棒球比賽的面貌，這也是本章所要談的主題。

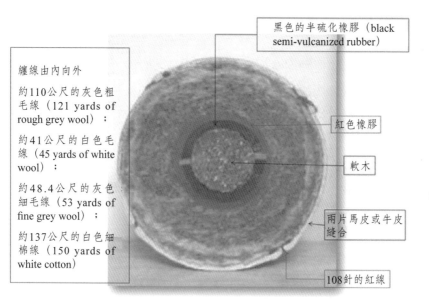

黑色的半硫化橡膠（black semi-vulcanized rubber）

纏線由內向外

約110公尺的灰色粗毛線（121 yards of rough grey wool）；

約41公尺的白色毛線（45 yards of white wool）；

約48.4公尺的灰色細毛線（53 yards of fine grey wool）；

約137公尺的白色細棉線（150 yards of white cotton）

紅色橡膠

軟木

兩片馬皮或牛皮縫合

108針的紅線

Fig.7-2　　當今大聯盟比賽用球的內部。由球的橫切面可清楚看見，球心至球的表面均有規定每一層的材料與作法。

Fig.7-3　　大聯盟用球在製作過程中，每一階段完成時的模樣。建議讀者可上網觀看棒球的製作過程，搜尋：How it's made：baseballs（影片來自science.discovery.com）。

7.2 棒球的反彈係數

各式球類運動均會使用專門屬於自己的球，這些球除了具有不同的外觀，使我們一眼便可辨出其球種外，其大小與重量也都有相當大的差異。除此之外，也相信大多數愛好球類運動的人都可發現，不同的球種也擁有不同的「彈性」。在此先做個說明，我們所說的「彈性」是指球撞擊物體後，例如撞上牆或地板等等，球反彈的能力，即我們日常生活中的用法。然而在物理學中，「彈性」（elastic）這詞是指物體的外觀會因受力變形，但當此外力移除後，物體又恢復原先外觀的能力。兩者並不相同。

在上一節中，我們看見了製作一顆棒球的繁瑣過程，除棒球之外，也很少能夠找到其他的球種會有如此獨特的做法與規定。但這一獨特的做法，除了讓棒球的外表很堅硬外，卻也讓棒球的「彈性」與其他球類相比遜色了許多。此點可拿棒球與其他球類在距離堅硬地面一定高度後放下，看不同種球的反彈高度來驗證，棒球所能反彈的高度與其他大部分的球類相比是較低的。

而為能標準化地去界定一顆球的「彈性」好壞，我們將引進「反彈係數」（Coefficient Of Restitution，COR）這一個參數，來做為評斷一顆球「彈性」好壞的指標。對此「反彈係數」，我們可做如下簡單的定義：物體以速度v_1正面撞擊堅硬地板（此地板亦可改為堅硬，且始終不動之被撞物體來替代），若此物體撞擊後以速度v_2朝相反方向反彈回去。則此物體之「反彈係數」為（數學上常以e來表示）：

$$e \equiv \frac{v_2}{v_1} \qquad (7.1)$$

Fig.7-4　不同的球，除了外觀樣貌、大小、重量之外，還有什麼重要的差別？

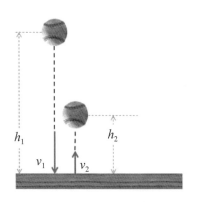

Fig.7-5　棒球「反彈係數」的簡單定義與測量方法。

根據定義，欲知棒球的「反彈係數」我們必須測量棒球自由落下後接觸地面前的瞬間速率v_1，與反彈離開地面的瞬間速率v_2，然後再看此兩速率的比值為何。雖然這定義給出一個很明確的測量事項，但我們也知道要實際測量這兩個瞬時速率不是一件簡單的

工作。所幸物理的定律告訴我們：只要所涉及的高度不要太高，空氣阻力的影響便可忽略不計。那在高度h_1處落下的物體於著地前之速率為$v_1 = \sqrt{2 \cdot g \cdot h_1}$；而以$v_2$速率垂直拋射上去的物體最高可達$h_2 = 1/2 \cdot (v_2^2/g)$，如此（7.1）式可寫成

$$e \equiv \frac{v_2}{v_1} = \sqrt{\frac{h_2}{h_1}} \qquad (7.2)$$

（7.2）式的結果給出了一個簡單的測量方法。我們只要站在一塊堅硬的地板上，如混泥土地板，將棒球舉至離地面高h_1處，放手使之自由落下，我們只要測量此棒球可反彈的最高高度h_2，則棒球的「反彈係數」便可由此兩高度的比值再開根號求得。也建議讀者可自行做做看這個測量，並比對一下身邊的棒球是否有符合大聯盟用球對「反彈係數」的規定。

大聯盟對棒球「反彈係數」的要求：

　　棒球以58mph(≈26m/sec)的速率撞擊堅硬木塊，測得之「反彈係數」須

$$COR = 0.546 \pm 0.032$$

值得一提的是，在大聯盟對棒球「反彈係數」的要求中，特別提出在測試的過程中棒球要以58mph的速率去撞擊堅硬木塊。這無疑也暗示說，棒球的「反彈係數」會隨撞擊速率的不同而有所變化。事實上也是如此，已有研究者對棒球與壘球做此實驗，發現

有一共同結果爲：撞擊速率變大會降低球之「反彈係數」，參見
（Fig.7-6）。

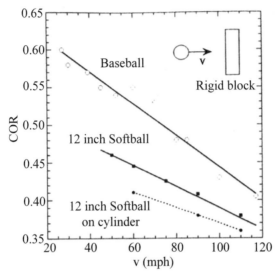

Fig.7-6　根據實驗測量的結果得知，棒球的「反彈係數」會隨撞擊速
　　　　　率的增快而變小。

7.3 能量的概念

　　爲理解棒球之「反彈係數」何以如此之低，我們不妨稍爲離
題一下，來介紹——能量（energy）——這個在物理學中相當重
要的概念。說到「能量」，這詞彙雖已是我們日常生活中所經常
掛在嘴邊的用語，但究竟什麼是「能量」呢？即便大家隱約地認

識到，能夠擁有大量的「能量」就能做出許多的事情，但要大家對「能量」的定義說清楚就有點困難了。畢竟，對不曾學過物理的人來說，抽象的「能量」意涵可能比「力」的概念更難以具體化。也趁這個機會，在這個章節中向讀者介紹一下「力學」中的「能量」概念。

• 功－能原理（work-energy theorem）

首先，我們先對「功」（work）給定義：若施與物體一個固定的力$\vec{F}$，使之位移$\Delta\vec{r}$，則我們對此物體所施與的「功」為

$$W \equiv \vec{F} \cdot \Delta\vec{r} \qquad (7.3)$$

在這力與位移乘積的定義中，有個重點是要求所乘上的力是在位移方向的分量才有貢獻，即定義中使用「內積」的用意。至於為什麼要有這樣的定義，或許由「功」的英文work（工作）可獲得一些線索。當我們對物體施與一個力，此物體也因此有了位移，但若要計量起我們所施的力對此位移的貢獻度，最直接的方式不外乎只計量於位移方向的力才算數，至少直觀上是如此。

另一方面，我們也知道當物體受到力的作用，物體便擁有加速度，使其速度在力的作用過程中產生變化。我們就以一維的運動來簡化（7.3）式的討論：當質量為m的物體於$\hat{e}_x$方向受到一個固定力F的作用，且在相同方向上有Δx的位移，若物體於此位移前後兩端時之速度分別為v_0與v，則我們有關係式$v^2 = v_0^2 + 2a\Delta x$（參見2.4節），則根據我們前面對「功」的定義可導出：

$$W = F\Delta x = ma \cdot \frac{v^2 - v_0^2}{2a} = \frac{1}{2}mv^2 - \frac{1}{2}mv_0^2 \qquad (7.4)$$

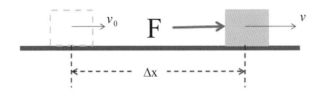

Fig.7-7　物體受到一力的作用。

Chapter 7

我們可注意到最右邊等號後的每一項，均僅與物體於此位移前後兩端之速度有關，我們就定義這樣的形式組合（$mv^2/2$）為物體的「動能」（kinetic energy，常以英文字母K表示），亦即物體在運動速度$\vec{v}$的狀況下所擁有的能量。「功─能原理」也可由（7.4）式被理解為：施與物體的功會等於物體動能的變化量。若要以更精確的數學式來表示此原理，「功─能原理」可寫成

$$W = \int \vec{F} \cdot d\vec{r} = \Delta K \qquad (7.5)$$

由「功─能原理」我們可知「能量」的單位（在M.K.S.制下）應該為

$$\begin{aligned}
&\frac{1}{2}mv^2 \sim \mathrm{kg} \cdot (\mathrm{m/sec})^2 = \mathrm{kg} \cdot \mathrm{m}^2 \cdot \mathrm{sec}^{-2} \\
&F\Delta x \sim \mathrm{nt} \cdot \mathrm{m} = (\mathrm{kg} \cdot \mathrm{m/sec}^2) \cdot \mathrm{m} = \mathrm{kg} \cdot \mathrm{m}^2 \cdot \mathrm{sec}^{-2}
\end{aligned} \qquad (7.6)$$

方便上，我們定義$kg \cdot m^2 \cdot sec^{-2} \equiv joul$（焦耳，能量單位）。此外，大家若還記得我們之前於第三章中所介紹的單位因次，（7.6）式中，無論是由「動能」或由「功」出發，其單位因次均爲ML^2T^{-2}。這可幫助我們判斷物理量所要表達的意涵，在我們的例子中，凡是物理量的單位因次爲ML^2T^{-2}，此物理量便具有「能量」的概念。也由於能量在大自然中還有許多不同的存在形式，各有各的不同表示法，因此對物理初學者第一次遇見這麼多形式的表示法，或許會覺得好多的公式，而產生學習理解上的障礙。但若能理解到單位因次所隱藏的含意，這對理解物理上會有很大的幫助。

言歸正傳，在「牛頓力學」的範疇下，能量除了「動能」的形式外，還有什麼其它重要的形式嗎？

・地表上的重力位能

讓我們再回顧一下物理發展史上一個經典老問題 ── 自由落體。距地面一個高度的物體自由落下，我們現在都知道這是因爲物體受到地球的重力吸引，在忽略空氣阻力的影響下，無論物體的質量是多少，重力都讓物體擁有相同的重力加速度（$g = 9.8 m/sec^2$）。因此無論輕重，所有的物體均會以同步的方式加速落下。如此力的概念解釋了自由落體。那我們可以用能量的觀點來解釋此現象嗎？

物體加速落下，無疑是說物體的速度不斷地增加，這也等同告訴我們，物體的動能不斷地增加。我們不禁好奇地想問 ── 那物體所增加的能量（即動能的增加量）是從哪裡來？答案是「重

力位能」。想想，物體不會自動地爬升到一個高度，非得靠我們把它舉起，而在這舉起的過程中我們便賦予物體一個能量。也由於我們要將物體舉起所要克服的是物體所受到的重力，且這賦予物體的能量大小會依物體被舉起的位置高度而定，如此我們便把物體於此高度所擁有的能量稱為「重力位能」。至於它確實的大小是多少？若我們接受大自然中能量守恆的原則，「功－能原理」也就給出了此答案的線索──動能的增加量就是此物體原先所擁有之重力位能所減少的量。接下來我們就以（7.5）式出發來表示此概念，

$$\Delta U = -\Delta K = -\int \vec{F} \cdot \vec{dr} = -\int_0^h m\vec{g} \cdot \vec{dr} \qquad (7.7)$$

式中的負號代表我們需克服重力才能將物體舉起。在我們的例子中 $\vec{g} = -mg\hat{e}_z$（重力指向地面），$\vec{dr} = dz\hat{e}_z$（積分的上下限，告訴我們物體是由地面提起至h的高度），所以（7.7）式的最終結果表示：距地面高度h處的物體所擁有的重力位能等於 mgh。

在前一節中，我們曾介紹一個簡單的方法來測量棒球的恢復係數（Fig.7.5），在一個固定的高度（h_1）讓棒球自由下落，再比對它反彈的高度（h_2），如此透過運動學公式的分析，我們可得（7.2）的結果。同樣的問題，現在若依能量守恆的原理，以棒球之重力位能與動能間的轉換來分析，則可更直接獲得（7.2）的結果。分析如下：

參見（Fig.7-5），首先讓我們將棒球提至高度 $h_1 = 90$cm 處，此時的棒球擁有 mgh_1 的位能。然後放手讓棒球自由落下，

若到達地面時之速度v_1，由於棒球原先的位能會完全轉換成動能，所以v_1可由下面的關係式求得

$$mgh_1 = \frac{1}{2}mv_1^2 \Rightarrow v_1 = \sqrt{2gh_1} \approx 8.82\text{m/sec} \qquad （7.8）$$

反之，若此棒球反彈的最高高度為h_2，則棒球反彈離開地面的速度也同理可知為$v_2 = \sqrt{2gh_2}$。再根據棒球反彈係數的定義，我們便可輕易獲得（7.2）式的結果，從中我們不難發現：能量守恆的概念可幫助我們對問題的處理。

又根據大聯盟對棒球反彈係數（COR，數學式中常以e代表）的要求$e = 0.546 \pm 0.032$，由（7.2）式與（7.8）式的結果，我們可推得：$v_2 \approx 4.82\text{m/sec}$及$h_2 \approx 26.8\text{cm}$。

當然，「重力位能」不會是物體所擁有「位能」的唯一形式。事實上只要物體處於存有力場的空間中，泛指物體在此空間中會受到力的作用，且力的大小與方向僅與物體的所在位置有關（有此性質的力，我們特別稱之為「保守力」，以F_c表示），則此物體於空間的任何位置便擁有特定的「位能」（potential energy，常以來英文字母U表示）。此外，我們所感興趣的是物體於兩位置間的位能差異，因此我們對位能的定義可寫成：

$$\Delta U_{AB} \equiv -\int_A^B \vec{F_c} \cdot \vec{dr} \qquad （7.9）$$

也由於保守力的大小與方向僅與空間的位置有關，（7.9）式的積分將會與物體的移動路徑無關。

有了動能與位能的概念後，本節的最後便讓我們再看一個與我們即將所要討論的棒球相關的例子——物體於彈簧上的運動。

• 彈簧系統

如（Fig.7-8）所示，物體繫在光滑水平台面上的彈簧端點，壓縮或拉長一小段距離後放手（不考慮摩擦力的影響），我們來看物體的運動情形為何？根據虎克定律，當物體離開平衡點位置時，物體所受之力為：$F = -k \cdot x$。此處k為代表彈簧彈性能力的常數，我們稱之為「彈性常數」；x為距平衡點的位移（由於例子中的彈簧是平放在一水平桌面上，所以平衡點位置便是彈簧原長，沒有受到壓縮或拉長時的地方。）所以虎克定律中的負號表示：當物體有一個正向的位移（$x > 0$），彈簧會施給物體一個反向的力，試圖去將物體拉回平衡點。反之亦然，因此一旦我們壓縮或拉長彈簧後再放手，繫於彈簧端點的物體便會因彈簧之恢復力而來回擺動。

我們就先以牛頓力學中對力的解析來細看此問題。根據虎克定律，物體之運動方程式可寫為：

$$F = m\frac{d^2x}{dt^2} = -k \cdot x \qquad (7.9)$$

若我們的起始條件為一開始壓縮彈簧$\bar{x}$的距離（即$t = 0$時，位移$x_0 = -\bar{x}$及速度$v_0 = 0$），則（7.9）式的解可寫成$x(t) = -\bar{x}\cos(\omega_0 t)$其中$\omega_0 = \sqrt{k/m}$為此物體來回擺動的頻率。一旦獲得此解，我們便可知道物體於任何時刻的位移與速度（位移對時間的一次微

分）：

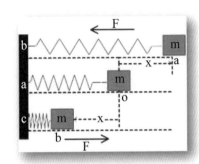

Fig.7-8　繫於彈簧端點的物體運動。

$$x(t) = -\bar{x} \cos (\omega_0 t)$$

$$v(t) = \omega_0 \bar{x} \sin (\omega_0 t)$$

（7.10）

現今，我們已有了位能的概念，我們對此彈簧振盪的問題也就可以更透徹地去理解其間的奧妙。毫無疑問地，由於虎克定律對彈簧所給出的恢復力，符合我們對保守力的要求，所以當我們壓縮或拉長彈簧一小段距離後，此彈簧會因我們的施力而儲存起能量（即「彈性位能」），大小為：

$$U = -\int_0^x \vec{F} \cdot d\vec{r} = -\int_0^x (-k \cdot x)\, dx = \frac{1}{2}k \cdot x^2$$

（7.11）

如此在我們的例子中，依（7.10）的結果可計算任何時刻下此彈

簧系統的動能與位能之和

$$\frac{1}{2}mv^2 + \frac{1}{2}kx^2 = \frac{1}{2}m\,(\omega_0\,\bar{x}\,\sin\,(\omega_0 t))^2 + \frac{1}{2}k\,(-\bar{x}\cos\,(\omega_0 t))^2 = \frac{1}{2}k\cdot\bar{x}^2 \quad (7.12)$$

這結果告訴我們：在此彈簧系統中，能量是守恆的！雖然物體來
回的擺動，其間物體的速度大小也持續不斷地變化，但物體所擁
有的總能量（動能與位能的和）卻是一個定值，此總能量的大小
即為我們一開始對彈簧壓縮時所施給的能量。

James Prescott Joule
1818～1889

Fig.7-9　焦耳與焦耳實驗的儀器設備。雖然「能量」在日常生活中是
一個經常被用到的詞彙，但能量的概念即便是在物理界中也
是跌跌撞撞，到了十九世紀中葉才逐漸被釐清。重要的關鍵
就在焦耳實驗——「熱」也是「能量」的一種表現。

Chapter 7

7.4 細看棒球的反彈過程

　　棒球反彈的瞬間會是什麼樣子？由於速度之快，光靠我們的肉眼是很難看見細微的差異，好在現今的攝影技術已幫我們觀察到許多過去無法看見的細節，也因此讓我們對問題的認識能有更深一層的理解。就如（Fig.7-10）所顯露出的事實，雖然棒球是很硬的球體，但在撞擊的過程中它還是會有些許與短暫的形變。畢竟在真實世界中我們不存在百分百的剛體（註：剛體（rigid body）是指完全不會形變的物體。然而為簡化問題的處理，在問題精確度的要求允許下，物理學家常認定所要處理的物體為理想的剛體。）棒球也不例外，根據棒球反彈過程的形變模式，我們可粗略地將其分為壓縮與恢復兩階段。

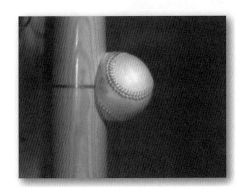

Fig.7-10　棒球在撞擊的過程中會產生不小的形變。

　　我們就以（Fig.7-11）來說明此兩階段過程，若棒球由高處落下至地面的速度為 v_1。一旦觸及地面，由於與地面的撞擊，讓

地面施與棒球一個與其運動方向相反的作用力（牛頓第三運動定律），嚴格來講是應力的作用，但不管怎樣棒球的速度開始變慢，同時棒球也由撞擊處開始向內壓縮變形，直至棒球於地面的相對速度完全停止，此時的棒球形變處於最大壓縮的狀態。對一顆從90公分處落下的棒球，此壓縮過程約略需花0.001秒（即一毫秒）的時間，而壓縮的距離約為0.25公分，大致是棒球直徑（約7.4公分）的3.4%。緊接下來的棒球就開始進入恢復的階段，約略0.002秒（即二毫秒）後棒球可恢復至原先的球狀，並以v_2的速度反彈回去。

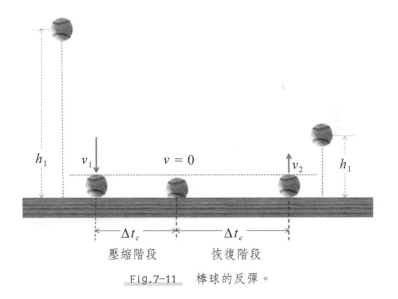

Fig.7-11 棒球的反彈。

就以能量的觀點來看此棒球的反彈，當棒球開始壓縮到速度

爲零的時刻，棒球原先所擁有的動能，會因棒球的形變而持續轉換成彈性位能，並儲存起來。但與前面我們所介紹的彈簧系統不同的是，前面的例子中我們沒有考量到摩擦力的影響，可是在棒球的形變過程中，棒球內部層層環繞的棉線等均無可避免地會造成摩擦與能量的消散，致使棒球原先的動能無法完全轉換成彈性位能。而當棒球進入恢復的階段，棒球開始釋放於前階段所儲存下來的彈性位能，並轉換成動能。於此階段，棒球整體的能量也同樣地會消散在棒球內部的摩擦上。這能量的損失正是棒球反彈能力不佳的原因。

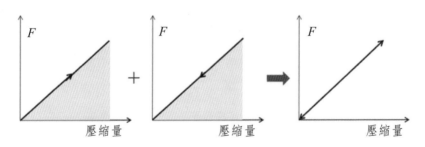

Fig.7-12　理想彈簧系統中（無摩擦力），力大小與壓縮量之關係圖（虎克定律）。在壓縮過程中（最左圖），圖中函數下之面積代表彈簧壓縮過程中所儲藏起的彈性位能。而在恢復過程中（中間圖），圖中函數下之面積代表彈簧恢復過程中時所釋放出的彈性位能。合併兩過程於最右圖中，我們可發現壓縮時所儲藏的彈性位能，於恢復的過程中會全數釋放出，並轉換成動能。所以整個過程中能量是守恆的。

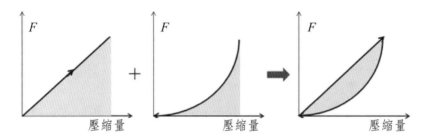

Fig.7-13　續上圖，（假想之）彈簧系統中力大小與壓縮量之關係圖。在壓縮過程中（最左圖），如上圖不變，圖中函數下之面積代表彈簧壓縮過程中所儲藏起的彈性位能。但在恢復過程中力與壓縮量的關係已不再符合虎克定律，而是如中間圖所示，圖中函數下之面積仍舊代表彈簧恢復過程中時所釋放出的彈性位能。但在合併此兩過程時，我們發現壓縮時所貯藏的彈性位能，僅有部分的能量於恢復的過程中被釋放出來，並轉換成動能。所以整個過程中，能量會不斷地消散掉，最右邊圖中所包含的面積即為消散掉的能量。

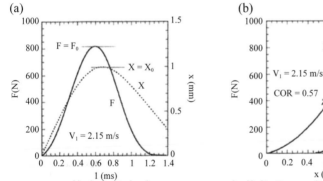

Fig.7-14　棒球在低速（$v_1 = 2.15$m/sec）撞擊下：(a)棒球受力（左縱軸）與時間（橫軸）的關係圖（實線），及棒球受力（左縱軸）與壓縮量（右縱軸）的關係圖（虛線）。由於此實驗之棒球撞擊速度較慢，因此撞擊時棒球的受力時間較短，但其數量級就是在一毫秒左右。圖中也顯示棒球最大受力約略是在棒球於最大壓縮的時刻。(b) 此圖為棒球受力與棒球壓縮量的關係圖。根據（Fig.7-13）的解釋，我們看見了棒球因撞擊所產生的壓縮與恢復過程中，其間大半的能量會消散掉，這也是造成棒球反彈能力不佳的原因。

7.5 反彈係數與能量的關係

在7.2節中，我們以物體正面撞擊堅硬地板，並測量反彈速度v_2與撞擊速度v_1的比值（$e \equiv v_2/v_1$）來定義此物體的反彈係數，並給出一個簡易的測量方法（如Fig.7-5所示）。再配合7.3節中我們對能量的介紹，此物體碰撞前後的能量損失比例可如下計算，並得

$$\frac{\Delta E}{E_1} = \frac{mgh_1 - mgh_2}{mgh_1} = 1 - \frac{h_2}{h_1} = 1 - e^2 \qquad (7.13)$$

式中我們已利用（7.2）式的結果。（7.13）式的結果也讓我們可藉由物體的反彈係數來衡量物體撞擊時的能量損失。

對棒球來說，若根據大聯盟對比賽用球的標準（$e \approx 0.546$），代入上式

$$\frac{\Delta E}{E_1} = 1 - (0.546)^2 \approx 70\% \qquad (7.14)$$

這告訴我們棒球在撞擊（堅硬地板）的過程中有將近七成的能量會消失掉，雖然我們知道棒球的反彈能力不佳，但有這麼多的能量消失倒還是挺驚人的。且在（Fig.7-6）中也提即撞擊速度的提高會降低棒球的恢復係數，所以其能量的損失也就更多了。這也可由對棒球撞擊受力與壓縮量的實驗圖得到證明（Fig.7-15）。

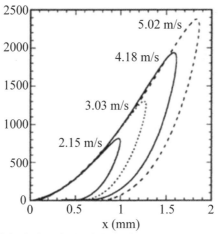

Fig.7-15　不同撞擊速度下棒球受力與其壓縮量之關係圖。各對應曲線內所包之面積為撞擊後的能量損失量。

 ## 7.6 影響棒球反彈係數的其他因素

在我們之前討論球的飛行距離時，曾提到科羅拉多落磯隊的主場「庫爾球場」，這個位居高海拔的球場，由於空氣密度的稀薄而讓全壘打滿天飛，履創球季全壘打總量的紀錄。由於棒球比賽不僅是兩隊間單純的輸贏結果而已，棒球迷對紀錄數字的瘋狂追求，其瘋狂之程度眞是其他球賽的球迷所望塵莫及的。「庫爾球場」的全壘打數已高過標準值太多了，非得想個方法來解決不可。不然的話，長久下來的影響將會造成紀錄公平性的質疑，說不定哪天全壘王的名字上方還得加上個星號「★」，來表明他是「庫爾球場」的主場先發球員。

　　為解決此問題，科羅拉多落磯隊已於2002年球季開始，將他們主場的比賽用球於賽前均存放在一個叫「humidor」的保濕室中，此humidor調控在溫度70℉（21℃）與相對濕度50%的環境。其結果也真的達到「預期」的目標，讓此球場的整體進攻紀錄下滑了不少。

科羅拉多落磯隊	單場的平均全壘打數	
	主場	客場
1995-2001	3.20	1.93
2002-2010	2.39	1.86

　　為什麼會如此呢？答案出在棒球的反彈係數（COR）會隨球之飽和濕度的改變而變化，當濕度增加後，棒球的反彈係數將會減小。為了評估此效應是否真能作為落磯隊使用humidor後全壘打數下滑的解釋，伊利諾大學的Alan M. Nathan對棒球的反彈係數與其飽和濕度的關係做了很仔細地測量，其結果如（Fig.7-16）所示。

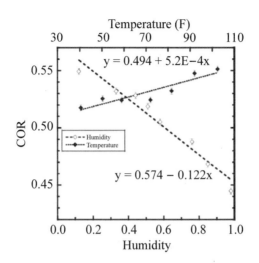

Fig.7-16　　圖中之虛線為棒球的反彈係數與其飽和濕度之關係，此測量時的溫度控制在72℉（≈ 20℃）。實線則為棒球的反彈係數與其溫度之關係，測量時的相對濕度控制在50%。圖中也標示了此實驗結果所得的經驗公式。註：此處的「飽和濕度」是指棒球於 humidor 中與所控制之濕度達平衡後的狀態。

有了測量結果後，Nathan也將其結果對棒球飛行距離的影響作了一個「概略性」的估算。當相對濕度由原先的30%提升至50%，棒球的反彈係數將會由原本的0.537變小至0.513。若以一般大聯盟的投打狀況來計算，此反彈係數的減小將會造成被擊出之球的初速度慢上2.5mph（≈ 4km/hr），飛行距離也會少了14feet（≈ 4.2m）左右。（註：在Nathan的實驗中棒球與圓柱球棒的撞擊速度為60mph，此速度是小於真實球賽中球與球棒間的撞擊速度。而在上一節中我們也提及，棒球在高速撞擊下，其反

彈係數亦會較小。這無疑地讓Nathan的評估添加了一些不準確度，這也是「棒球物理學」在量化上所必然碰見的困境，誰叫眞實世界是複雜的！）

　　這減少的14feet對全壘打數的影響會如何呢？耶魯大學的Robert K. Adair以剛好落在全壘打牆外的全壘打與打在牆前「警示跑道」（warning track）上被接殺的比例去估算，並得到一個結果認爲：對一般的打擊者來說，所擊出球的距離若可增加1%，則其全壘打的總量將可增加7%。根據此估算，Nathan就以「庫爾球場」的平均全壘打牆距離380feet爲基準，這減少的14feet將會使全壘打的總數降低25%左右！這個比例與上表針對humidor使用前後，所統計的單場平均全壘打數之結果是吻合的。

　　除了濕度的影響外，Nathan也測量了溫度對棒球的反彈係數之影響。結果發現：在相同的濕度下，提高溫度是可增加棒球的反彈係數。這也讓我們想起了一個謠傳，有些球隊在自己球隊進攻時，會提供給裁判較「熱」的球；而當對手進攻時，則換上「冷」球，這也算是一種主場優勢吧！眞的有球隊這麼做嗎？截至目前爲止，好像也還沒有哪支球隊眞的被抓到如此的調配用球，那我們就把它當作是個謠傳吧！

Fig.7-17　棒球賽中流傳的一句話，全壘打與接殺只是一線之隔。

美國偶像 ── 貝比魯斯 ── 失意的一年

　　貝比魯斯（Babe Ruth）怎麼會是全美大眾的偶像呢？長相不算俊俏，生活奢華，夜夜笙歌，嗜酒縱慾，渾然就是一位無教養的大富人。但貝比魯斯真的是全美大眾的偶像，單憑他的棒子讓球飛得這麼遠，又這麼地經常出現，就足夠把大眾的心帶離黑襪醜聞所留下的不信任感。美國的國家娛樂從此有了新的面貌與新的生命。對美國來說，貝比的到來就如降臨的救世主，拯救的不單是棒球，說真的 ── 棒球有那麼重要嗎？貝比所拯救的，更像是美國人心底已動搖許久的榮譽感。那我們何必再去強求貝比的身段須是溫良恭儉讓呢？想抽

根菸，就抽吧！想喝杯酒，就喝吧！這真是個美好的舊時代，道德可以回歸到人性的時代。偶像，貝比魯斯。不！這樣稱呼他怎麼夠呢？不折不扣地，他是一位傳奇人物。

沒有人願意傳奇的紀錄會被打破，像貝比1927年的單季60支全壘打紀錄就是其中的一項，事實上也沒有太多的人費心去保守它。畢竟三十多年來，這紀錄已被穩穩地擺放在紀錄書上，沒有跡象顯示它可被超越。但舊時光難逃地球的轉動而逐漸剝離，四十年代走了、五十年代也已過完，接下來的六十年代，世界再也不平靜，它真的動了起來。

單季60支全壘打的紀錄在1961這年看來是不保了。球季進行到一半就有兩位洋基的隊友準備要去挑戰這傳奇的紀錄，Mickey Mantle與Roger Maris。紐約人輕易地在這兩人中選擇了喜愛的一方，假若傳奇的紀錄非得被打破，那也該由眾人的偶像來打破，或許還可讓這破紀錄的象徵去添加點傳承的意味。但歷史並不這樣地善待人們的感受。Mickey尚未到達球季的最後一個月就因傷退出戰場，獨留Maris於球場奮戰。「我不想當貝比魯斯，我只是設法擊出第61支全壘打，並當個Roger Maris」Maris不斷地對記者如此說明。但Maris真的不用擔心，沒有人願意他是第二個貝比魯斯。在眾人意見下，聯盟主席想了一個絕頂奇怪的方式來標註Maris與貝比的不同，加個標記在Maris的紀錄上，61★。冠冕堂皇的理由不難找，誰叫這年的球季比往年多了八場比賽，而你Maris又是在最後一場才擊出這破紀錄的第61支全壘打。

同樣的一年還有一項紀錄被打破，或許一般大眾沒注意到，

那就是洋基投手Whitey Ford在世界大賽中的無失分局數延伸到了33又2/3局,打破原先29又2/3局的紀錄。更值得一提的是,這舊有的紀錄竟是貝比魯斯於1918年還在紅襪隊當投手時所創的記錄。我們只能說,1961年不會是貝比魯斯得意的一年。

Fig.7-18　同為洋基隊的Roger Maris與Mickey Mantle在1961年中,除了競爭全壘打王外,更引人注目的是對貝比魯斯60支球季全壘打紀錄的追逐。此故事已被HBO拍成電影,片名就叫「61*」(中譯名稱「棒壇雙雄」)。

Chapter 8

球棒的特性

　　牛頓力學解釋了物體運動的道理，從地表上方物體的落下到天體的運行軌道，牛頓力學就像是一把萬能的鑰匙，可解開任何的難題。然而隨著所要描述事物的真實化，雖然可以，但我們總不能每次都得回到最初的起點，以牛頓的基本定律出發。我們需要發展出更多、更細緻的定理來解決即將出現的問題，科學就如此一步一步地架構起來，像是蓋一棟高樓，無論蓋得多高，我們都知道我們下方原有的地基，這是我愛上科學的原因，我喜歡一個單純、合理，且有一致性的道理。

　　要把牛頓力學應用在我們日常的物體上，我們就不能再把物體視為是一個沒有體積的「質點」。我們也很清楚，我們身邊所能觸摸到的任何「固態」物體，都有它獨特的外形，如果這外形不會隨著我們所要處理的問題而改變，我們更可進一步地稱此物體為「剛體」。

　　球棒，乍看之下就是一個「剛體」。描述一根球棒，除了它有多重外，我們更想知道的是它好不好揮？為回答這問題，我們就得引入剛體「轉動慣量」的概念，這也將會是本章的重頭戲。

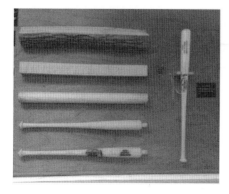

在網路youtube上，可找到一個製作球棒的影片，建議讀者上網觀看。搜索關鍵字：how a baseball bat is made

Chapter 8

8.1 球棒的歷史

　　就如同那顆球在棒球演化史中的處境，早期的投手得自己準備球。同樣地，在棒球的草創年代，球棒也理所當然得靠打者自行準備了。但不同於球在比賽中的角色，為讓比賽可持久打下去，人們對球的要求會比較多，製作上也就跟著繁瑣起來。相對地，球棒看似單純不少，挑根好木頭是必定要的，至於它的大小與形狀，大家好像就不怎樣在乎了，打者喜歡，揮得動就好。很快地，他們發現馬車下方的那根拉桿（wagon tongue）是不錯的木棒，除此之外，也發現圓桿型的球棒效果最佳，不但耐用且擊出去的球也可飛得較遠。但若要短打，為增大球棒的擊球面積，把球棒削成平的也可以，反正沒有禁止就是可以。

　　還記得上章所提的那個「棒球員國家協會」嗎？1858年協會成立的目的之一便是要把棒球的運動標準化。很自然地在隔年就頒布了一條規定去限制球棒的大小，球棒直徑不得大於二又二分之一英吋（約6.4公分），就僅此一條限制，至於球棒的長短與形狀並無提及。如此又過了十一年，1869年始對球棒的長度做出不得超過42英吋（約106.7公分）的限制，神奇的是這限制至今不曾改變過。由此我們再一次看見了棒球是個講求傳統的運動，非必要，任何的改變都像是要去損毀這運動的傳統價值，即便以攝影輔助裁判做出正確的判決，都會引起很大的反對聲浪（PS.美國大聯盟已準備在2014年球季大幅擴大使用攝影輔助判決的項目，但比起其他球類運動還是有很大的限制。）。或許不可思議，但這也是棒球美好的另一種表現，在這快速變動的社會

中，棒球給了我們一份安定的感覺。就以之前我所提及的那一球「趙士強的漏接」來說吧，對90年代以後才出生的人，已很少人認識趙士強了，更別提他漏接的那一球。但就是因爲棒球的連繫，當我在課堂中對一群新生代的朋友提及此事，從他們的眼神中，你能理解到他們懂得那漏接、那場景、那時代的情緒。我喜歡這種與新生代交流的感覺，對我來說就是一種安定的感覺，不用爲了溝通，一把年紀還得裝年輕地去學臉書。試問還有多少的陳年往事，仍可輕易地引起新生代年輕人的興趣？台灣如此，美國也是如此，社會的歷史記憶很容易藉由棒球跨越不同世代間的代溝。

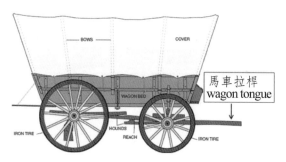

Fig.8-1　找根球棒打棒球。在棒球草創的年代，人們很快地就找到了馬車下面的那根拉桿是很不錯的球棒。

　　讓我們再回到球棒的演進上，現在對球棒外形的最終限制，包括圓柱狀，不能再爲短打而削平球棒擊球面，直徑不得大於二又四分之三英吋（約7公分）則是在1895年間所訂定的，距今也已是上百年的歷史。

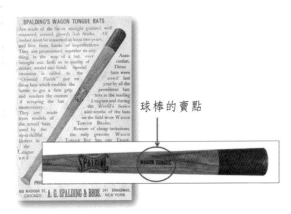

球棒的賣點

Fig.8-2　早期以銷售棒球用具聞名的斯伯丁公司，所生產的馬車拉桿
　　　　球棒。

「路易斯維爾重砲手」（Louisville Slugger）

　　話說1884年的一天午後，小夥子John "Bud" Hillerich
從老爸開的木製家具工廠翹班去看地主球隊——Louisville
Eclipse的比賽。隊中陷入打擊低潮的明星球員Pete Brown-
ing，在當天的比賽中持續交白卷外，還將自己心愛的球棒給
打斷，懊惱萬分。賽後這翹班小夥子便找上Pete，並邀請Pete
晚上到他老爸的工廠，他將做一支全新的球棒給Pete。

　　傳奇就如此的誕生。當天晚上，這兩個人就選了一根白
楊木（white ash）做為材料，在Pete的指示下，Bud就為這名

明星選手量身打造出一根球棒。隔日，Pete三打數三安打，也從這天起走出了打擊低潮。沒多久，Bud所做的球棒便打出名號，不僅Pete的隊友，就連別隊的選手都競相訂購球棒。最後還說服了老爸將工廠轉型成專門製造球棒的工廠。到了1894年Bud接管公司後，還以「Louisville Slugger」申請了專利。歷史上多位著名球星，像是Honus Wagner、Ty Cobb、Babe Ruth與Lou Gehrig等均使用Louisville Slugger的球棒。即便到了今天，大聯盟中Louisville Slugger（Hillerich & Bradsby Company）還是市場佔有率與評價最高的球棒。

Fig.8-3 世界最大支的棒球棒，位於美國肯塔基州的路易斯維爾市的 Louisville Slugger博物館門口。

規則1.10

(A)球棒必須為平滑之圓型棒，最粗部分之直徑不得大於二又四分之三英吋（7公分），長度不得長於四十二英吋（106.7公分）須用一根木材製成。

【原附註】

以接合方式製造之球棒或試用中之球棒除非獲得本協會技術委員會對於製造業者之意圖及製造方式之認可，否則於正式比賽中不得使用。凡由金屬、木片或竹片接合製成之球棒，如獲本協會之認可則准予使用。

(B) 凹頭球棒其深度須在一英吋（2.5公分）之內，寬度不得超過二吋及小於一英吋（2.5～5.1 公分）直徑。凹狀部份不得附著其他任何物質。

(C) 球棒之握把位置不得超過自球棒末端起十八英吋（45.7公分），其握把部分得包紮或使用任何材料處理（包括松脂等）使適合掌握，但任何使用之材料（包括松脂），裁判則認為有超越十八英吋之限制，則該球棒於比賽時不得使用。

【附註】

擊球員於使用中或使用後被裁判員發現該球棒不符合本項之規定，不得以此為由，宣判出局或勒令退場。

(D) 除非經本協會之認可，於比賽中不得使用著色球棒。

Fig.8-4 　每年的母親節，大聯盟所認可使用的紅色球棒。除了球棒
　　　　　外，母親節當週還有許多的球場配備也同時漆成了粉紅色，
　　　　　以為乳癌的治療與防治籌募基金。

 ## 8.2 影響球棒好壞的因素

　　介紹完球棒的演進歷史之後，讓我們再回到球棒的科學上。
也多虧有這根球棒的存在，才能使一根平凡無奇的木棍也能引起
人們如此多的關注與討論。至於球棒的特性，若以物理的眼光來
看，不外乎決定於下面的五項因素：

1. 球棒的長度。
2. 球棒的粗細。
3. 球棒的質量。
4. 球棒的形狀（即球棒的質量分布）。
5. 球棒的材質硬度。

不難看出在這球棒的五項物理特性之間，彼此是有其關聯

性。舉例來說,越長越粗的球棒,只要是用同種木材做的,理所當然就會越重。但對球棒製造商,若要做出外型大小完成一模一樣,但重量又要有所不同的球棒,木材種類的選擇就成了關鍵。當然要做一支好的球棒,除了木材種類的選擇外,木材紋理的挑選與處理都是很重要的關鍵。在職棒比賽中的球棒,其木材的選擇傳統上不外乎是下面的三種

木種	密度(英制)	密度(公制)
Hickory(胡桃木)	0.46 oz/in^3	0.80 g/cm^3
Maple(槭木)	0.40 oz/in^3	0.69 g/cm^3
Ash(梣木,白楊木)	0.37 oz/in^3	0.65 g/cm^3

近來Louisville Slugger也開始有以Birch(樺木)製成的球棒,並已獲大聯盟的允許使用。

Fig.8-5　球棒的製作,除了木材本身的挑選外,木材的紋理及年輪方向也得小心處理。因為它會影響到擊球時,此球棒所能承受的撞擊力。

值得一提的是，無論是球棒的長短粗細或是輕重，在棒球規則中都沒有硬性規定一個精確的大小，只是概括地給出一個限制範圍。這無疑給了選手許多的自由度，去選擇他喜歡的棒子。有些選手喜歡較重的棒子，總覺得較重的棒子可把球打的比較遠；有些球員則喜歡輕一點的棒子，理由很簡單，輕一點比較好揮擊，比較不會揮棒落空。但就選手習性的演變說來，早期的選手比較偏愛重的球棒，即便像是Ty Cobb這樣二十世紀初期的巨星，全壘打不是他們所要追求的打擊方式，但他都還是拿著42盎司的球棒。也因此密度較大的胡桃木會是早期球棒所常使用的木材，但現今的球員多半不會拿那麼重的球棒，自然地白楊木就逐漸成為現今製造球棒的主流木材。

至於球員對球棒的選擇經驗正確嗎？我們之前也說過，球員的任何經驗都值得重視，但也需仔細地檢驗其真假！較重的棒子真的可以把球打的比較遠嗎？那較輕的棒子又真的比較好揮嗎？這些問題我們將在後面的章節中逐一回答。

> 我能夠打擊的好是因為我有信心！我從不覺得投手曾經壓制過我。我也常對別人說，投手怎能打敗我呢？投手只有一顆小球，而我有一支大棒子！
>
> 一大聯盟前全壘打王（755支），Hank Aaron

Fig.8-6　Ty Cobb。有人形容他永遠是咬緊牙關在打球，他也常這麼說
「球場就如戰場一般」，這樣的態度當然讓他飽受爭議。球隊
有他能贏球，球隊有他也像是塞滿著火藥，不知何時爆炸。
但無論你喜不喜歡他，他無疑地還是棒球史上最佳的打擊者之
一。24個球季生涯中，三成以上的打擊率連續了23個球季，其
中包辦了12次的打擊王。4,194支安打，得分2,245分，892次的
盜壘。且三成七六的終身打擊率，這項可是大聯盟的紀錄。

Fig.8-7　選手對棒球球具的使用喜愛也是會跟著流行走的。自從Joe
Carter於1997年獲大聯盟認可使用槭木製成的球棒後，已陸續
有多人使用，包括Barry Bonds。Bonds也以此槭木球棒打破了
多項記錄──單季最多的73支全壘打與生涯最多的762支全壘
打，這無疑又助長了其他選手對槭木球棒的使用。然而不少
人認為槭木球棒斷裂後較常以碎片飛出，導致內野手處於潛
在的危險之中，因此近年來為了安全上的理由，槭木球棒的
使用可否引起不少的討論。

8.3 球棒的輕重與揮棒難易度

　　輕的球棒眞的就比較好揮擊嗎？乍聽之下好像有道理，但這樣的說法卻不盡正確！我們也很容易去驗證這樣的說法是否可靠，就找兩支重量一樣，但外形粗細不盡相同的球棒揮揮看。不難發現當兩支球棒的外形粗細差異越大，則揮棒的感覺差異也就越大。這告訴我們，同樣重量的球棒還是有些球棒比較好揮，有些球棒比較難揮。那影響球棒好不好揮擊的眞正原因又是什麼呢？

　　簡單說，就是此球棒的「轉動慣量」（moment of inertia）。

　　球棒的「轉動慣量」，在棒球界或是一些網路文章中常把它稱爲「揮棒重量」（swing weight），雖然打棒球的人可體會出其所指爲何，但畢竟這不是一個標準的物理用語，在我們的棒球物理學中就將其正名一下，一致統稱爲「轉動慣量」。那「轉動慣量」是什麼呢？

　　讓我們回憶一下之前所講的牛頓第二運動定律：「物體所受的淨合力，正比於此物體速度對時間的變化率（即此物體的加速度）；而其正比的比例常數可定義爲此物體的質量。」同樣的概念延伸，要讓物體轉動的速度改變，我們就必須對此物體施與一個「力矩」（torque），（力矩的明確定義會在後面介紹），而此力矩的大小亦將正比於物體轉動速度對時間的變化率，我們便將此比例常數稱之爲「轉動慣量」。

基本概念：
　　力➡改變物體的平行位移速度
　　　　力＝質量×加速度
　　力矩➡改變物體的轉動速度
　　　　力矩＝轉動慣量×角加速度

　　因此當人們以同樣的力道去揮棒，我們希望擊球瞬間的球棒速度越快越好；也就是說在揮棒的過程中球棒旋轉的加速要快，其關鍵就在於球棒的轉動慣量要小。沒錯，轉動慣量小的球棒是比較好揮擊！至於擊球出去的效果如何，又是另外的問題，等我們到下一章再討論。

　　當然，物體「轉動慣量」的概念與定義會比物體的「質量」來得麻煩許多。畢竟日常生活上的經驗也告訴我們，轉動物體的難易程度不僅與物體本身的質量有關，也要看我們如何地轉動物體，所以轉軸為何對轉動物體的難易將有很大的影響。因此為能清楚理解揮棒難易的原理，在接下來的幾節中，我們將回到物理的基本概念談起。

WEIGHT	HEIGHT									
	3'-3'4"	3'5"-3'8"	3'9"-4'	4'1"-4'4"	4'5"-4'8"	4'9"-5'	5'1"-5'4"	5'5"-5'8"	5'9"-6	6'1"-over
Under 60 Lbs	26"	27"	28"	29"	29"					
61-70	27"	27"	28"	29"	30"	30"				
71-80		28"	28"	29"	30"	30"	31"			
81-90		28"	29"	29"	30"	30"	31"	32"		
91-100		28"	29"	30"	30"	31"	31"	32"		
101-110		29"	29"	30"	30"	31"	31"	32"		
111-120		29"	29"	30"	30"	31"	31"	32"		
121-130		29"	30"	30"	30"	31"	32"	33"	33"	
131-140		29"	30"	30"	31"	31"	32"	33"	33"	
141-150			30"	30"	31"	31"	32"	33"	33"	
151-160			30"	31"	31"	32"	32"	33"	33"	33"
161-170				31"	31"	32"	32"	33"	33"	34"
171-180						32"	33"	33"	34"	34"
over 180							33"	33"	34"	34"

	MOST POPULAR LENGHT BY AGE					
AGE	5-7	8-9	10	11-12	13-14	15-16
LENGHT	24"-26"	26"-28"	28"-29"	30"-31"	31"-32"	32"-33"

Fig.8-8　針對不同身高體重的消費者，製作Louisville Slugger的Hiller-ich & Bradsby公司所建議的球棒尺寸購買指南。

8.4 質量中心

　　我們就從「質量中心」（Center of Mass, CM）說起吧。相信曾修過物理學的每位讀者都遇過這樣的陳述，「一個置於平面上的物體，若只考慮物體的平移運動，當我們施給它一個力，使其加速運動……」，至於這個力到底是作用在物體的哪一個部位？並沒有特別的說明，好像大家對這問題已有了共識，事實上我們也眞的能夠證明——整個物體的運動可視爲一個質點的運動，且物體的所有質量就如同集中在這個質點上，力便是作用在這一個質點上，我們就把這質點的位置稱爲物體的「質量中心」，常簡稱爲「質心」。

那物體的「質心」又在哪邊呢？對一顆棒球而言，我們會很自然地說出球心便是棒球的質心所在。那球棒呢？可能就不是那麼明顯了。對此質心位置，物理學上可給出一個明確的定義：

$$\vec{R}_{\text{C.M.}} = \frac{1}{M} \int_{V'} \rho(\vec{r}') \cdot \vec{r}' \, dV' \qquad (8.1)$$

式中 M 與 V' 為物體的質量與體積，$\rho(\vec{r}')$ 為物體於 $\vec{r}'$ 處的密度，而積分乃是對物體的整個體積做積分。別忘了我們在第二章中就已說過，為明確描述出位置所在，我們需先給定一個參考座標系，因此 $\vec{R}_{\text{C.M.}}$ 為相對於所選定之參考座標系原點的位置向量。雖然我們可以（8.1）式來估算球棒的質心位置，但在計算過程中你或許會看見不算簡單的計算。好在我們不需如此計算才能知道球棒的質心位置，那日常生活中我們該怎麼去找球棒的質心呢？

所有的質量全部集中在這一點上，此點即為此棒球的質量中心。

Fig.8-9　物體的總質量就像全部集中在質心這個點上，單獨受到力的作用。如此看待物體，雖可大幅簡化問題處理上的難度，但物體已失去原有的形狀與結構，也讓我們不能去探討物體因受力而產生的自旋運動——棒球依左圖的受力情形，應會出現逆旋（backspin）前進的運動。

很簡單，就用你的手指或一條繩索撐著球棒，看撐在什麼地方可讓球棒平衡（Fig.8-10），球棒的質心就在這平衡位置的截面中心。而緊接的問題是──球棒為何如此就能平衡不動？

Fig.8-10　球棒的平衡，一個尋找球棒質心的簡單方法。

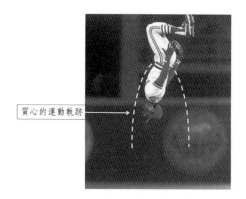

質心的運動軌跡

Fig.8-11　游擊區的魔術師Ozzie Smith–Wizard of Oz。1980年代聖路易紅雀隊的傳奇游擊手，除了他魔術般的防守能力外，讓人懷念的還有比賽一開始，他出場的那個空翻，讓主場觀眾看見當天球賽的第一個高潮，這就是職業比賽！運動競技之外，也是一個很大的秀場。在Ozzie的空翻過程中，若能標示出他身體的質心所在，你將發現一條簡單漂亮的拋物線。

8.5 力矩與轉動慣量

　　如（Fig.8-10）所示，球棒爲何能如此地平衡不動？球棒所受到的重力剛好被掛繩的張力所抵消掉，因此圖中的球棒不會上下移動，也就是說球棒所受到的合力爲零，球棒不會有平移的運動。但若將掛繩稍微往右（左）移一點，則球棒會立即往左（右）邊先旋轉再掉下。這代表掛繩若不在這個位置上，球棒將會有旋轉的運動，此時的球棒就無法處於平衡的狀態了。爲讓學生有較深刻的印象，課堂中不妨就將球棒由平衡位置鋸開，問學生這被鋸成兩半的球棒，各自的質量會一樣嗎？實際量一下便可發現兩邊的質量並不相同！那爲什麼能平衡呢？由此我們就得引入「力矩」（torque）的概念。

　　或許大家對「力矩」這詞不是太熟悉，但提起日常生活中經常使用的「槓桿原理」，大家多少就有些印象了，而在這「槓桿原理」中即已用到「力矩」的概念。我們還是直接針對「力矩」來定義一下，既然這物理量是關係到物體的旋轉，首先我們就必須知道物體轉動的旋轉支點爲何。一但旋轉支點選定好了，若物體受力 $\vec{F}$，則此物體也同時會受到一個力矩的作用，其大小與方向定義爲

$$\vec{T}=\vec{r}\times\vec{F} \qquad (8.2)$$

式中的 $\vec{r}$ 爲旋轉支點至物體受力點的位置向量。如此，力矩的方向必垂直於旋轉的平面，根據右手定則，若右手大姆指爲力矩的

方向,則其餘四指彎曲的方向即為物體旋轉的方向(兩向量的外積,可參見(Fig.3-17))。

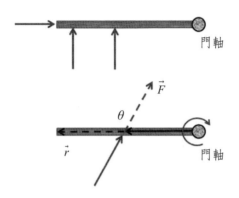

Fig.8-12　我們可以用門的旋轉來理解為什麼「力矩」的定義是 $\vec{T}=\vec{r}\times\vec{F}$。上圖中的水平推力與門軸至門的受力點位置向量平行($\theta = 180°$),因而無論施力的大小均無法轉動此門;而當施力方向垂直 $\vec{r}$,且離門軸越遠,此門將越容易轉動。再考量施力與門旋轉的方向,我們應可理解為何要以向量的外積來定義此「力矩」。

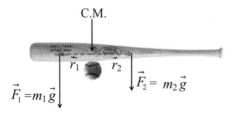

Fig.8-13　球棒若要平衡,則圖中的棒球必需置於球棒的質心下,做為此球棒旋轉的支點。平衡條件為:$r_1 \cdot m_1 g = r_2 \cdot m_2 g$。所以棒頭越粗大的球棒($m_1$ 越大),其球棒的質心就越靠近棒頭頂端。

有了力矩的概念後，讓我們再回到球棒的平衡上。（Fig.8-13）中的球棒要平衡，則圖中的棒球就必需位於球棒的質心下。之前我們也提及若將球棒由此平衡位置鋸開使成兩半，其質量不會相同，令棒頭端的質量為m_1，棒尾端為m_2（$m_1 \neq m_2$，球棒質量$M = m_1 + m_2$），則球棒平衡不轉動的條件為：

$$\vec{r_1} \times m_1 \vec{g} + \vec{r_2} \times m_2 \vec{g} = 0 \qquad (8.3)$$

即球棒所受到的總力矩為零。式中我們已用到質心的概念，所以被鋸成兩半的球棒各以其質心分別代表，其所受到的重力$m_1 \vec{g}$與$m_2 \vec{g}$也就分別作用在其各別的質心點上，也因此$\vec{r_1}$與$\vec{r_2}$分別為球棒質心（平衡點）到左右兩半球棒質心的位置向量。

由上面球棒的平衡條件，我們應可理解：對質量相同，粗細形狀卻不盡一樣的球棒，棒頭越粗的球棒，相對地棒尾的握手處就會比較細。這樣的球棒，其質心會比較靠近棒頭頂端，而遠離我們握棒的地方。稍後我們將會看見這特性對球棒的好不好揮擊會有直接的影響。

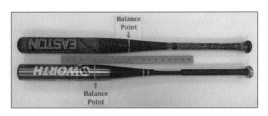

Fig.8-14 質量相同的球棒，其質心位置（圖中所標示的平衡點）會因球棒粗細的設計不同而有不同的位置。

　　還記得之前所提到的基本概念嗎？力矩 = 轉動慣量×角加速度。我們已知道力矩的大小與物體的旋轉支點有關，同樣地，物體的「轉動慣量」（Moment of Inertia，MOI，常以I來表示）也與物體旋轉的支點位置有關。不僅如此，還與旋轉的方向有關。這點我們可實際地拿起一支球棒來做做實驗，單手隨意握住球棒的一個位置做為旋轉支點，然後以不同的旋轉方向轉轉看（總共會有兩種不同的轉法，想想看！），便可認識到即便對同一支球棒，不同的旋轉支點與不同的旋轉方向，都會影響我們旋轉此球棒的難易度。

　　那選定旋轉支點後，物體的轉動慣量該怎麼算呢？根據支點的位置，設定座標系後，對應此座標軸之轉動慣量的分量為

$$I_{ij} = \int_{\tau'} \rho\ (r')(\delta_{ij} x_k^2 - x_i x_j) d\tau' \qquad (8.4)$$

想必讀者已為此數學符號大感困惑了！沒有關係，讀者僅要有個概念，若要物體隨意對一個支點，並且隨意轉動的話，則此物體的轉動慣量就會頗為複雜。（若讀者有理工科系的背景，應可由（8.4）式看出，物體的「轉動慣量」實為一個張量（tensor））畢竟我們已說過，物體的轉動慣量會隨支點的選擇與旋轉方向的不同而改變。如此即便同一支球棒，握棒的地方不同，揮棒的感覺也會不一樣。

　　好在，我們一般所感興趣的物體，就以球棒來說，其外形會具有一些幾何上的對稱性，這可大大降低了我們計算物體轉動慣量的困難度。依對稱性，我們可定出幾個特別的旋轉軸，稱為

「慣量主軸」（principal axes of inertia），每一主軸會有其相
對應的轉動慣量（principal momentum of inertia），而複雜的
（8.4）式也可稍微簡化成

$$I = \int_{\tau'} \rho(r')r'^2 d\tau' \qquad (8.5)$$

式中 r' 為旋轉軸至物體內各點的距離，$\rho(r')$ 為物體於 r' 處的密
度，積分仍是對物體的整個體積做積分。在本章的附錄中，我們
就根據此公式來估算球棒的轉動慣量。

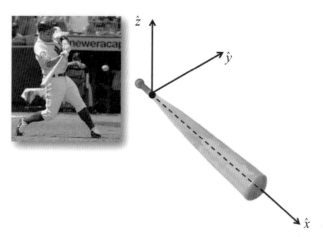

Fig.8-15　揮棒的旋轉軸在哪？雖然須要對球員揮棒的實際探究才可得
　　　　　知，但概略來看，如圖所示，哪一個方向比較接近呢？…答
　　　　　案是 $\hat{z}$ 軸。根據右手定則，右手姆指指向旋轉軸（$\hat{z}$ 軸），其
　　　　　餘四指可彎曲的方向即為球棒旋轉的方向。

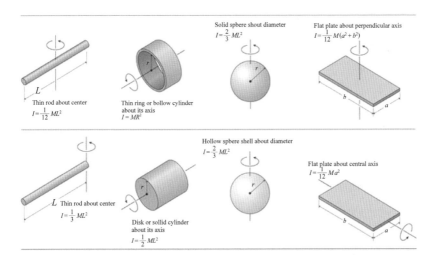

Fig.8-16　外形具有特殊對稱性的常見物體，其旋轉軸與對應之轉動慣
量。

 8.6 握長棒 vs. 握短棒

　　之前我已一再提及，握棒的位置不同也會影響到揮棒的難易
程度。對腳程快、求安打的推打型打者（contact hitter）常握短
棒，因為如此球棒比較好控制，揮到一半想煞車也比較容易。反
之，大砲型的打者（slugger）絕大多數就都是握長棒。或許大
聯盟的選手都太強壯，以至於握長棒與握短棒的區別不太明顯。
但看一下少棒比賽，就可清楚看見什麼樣型態的選手對球棒的握
法會有什麼樣的不同。

　　這當然是因為握棒在不同的地方，其所對應的轉動慣量

也會跟著不同。對此,物理學上有個針對轉動慣量的「平行軸定理」(the parallel-axis theorem)可清楚地作出解釋,如(Fig.8-17)所示

$$I_Z = I_{C.M.} + M \cdot d^2 \qquad (8.6)$$

當我們把手握在質心處($d = 0$),即便僅以單手握棒,也很容易旋轉球棒。因為「平行軸定理」告訴我們,在這無數的平行軸當中,就以通過質心的旋轉軸所對應之轉動慣量最小。而球棒握得越長,也就是說所對應的旋轉軸離質心越遠(d越大),其轉動慣量也就越大,揮棒起來也就較慢(加速不易)。反之,大聯盟中若還有握短棒的選手,因球棒可揮得快一些,所以他們心中所求的是可以不必那麼急地去揮棒,如此面對投手投來的球就可以「跟」的久一點,看準球再揮打。那大砲選手握長棒所圖為何呢?難道是轉動慣量大,可幫助擊球的威力嗎?等到下一章我們再來討論此問題吧。

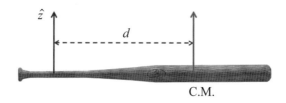

Fig.8-17　箭頭$\hat{z}$與另一個箭頭分別代表以握棒處與質心為支點的旋轉軸,兩軸間的距離為d。球棒的質量為M。

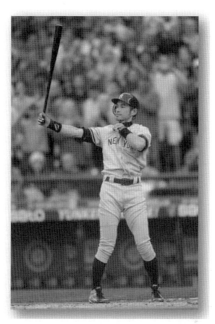

Fig.8-18　　鈴木一朗（Ichiro Suzuki）。大聯盟好看的地方，除了球技
一流外，其中所被允許存在的強烈個人風格，也是一大原
因。我們都說推打型打者會以握短棒為主，但鈴木一朗的
握棒卻偏偏比誰都要來的長。雖然他是一位標準的推打型打
者，但也別忘了，看過他守備的人都會讚嘆他的臂力之強。
一朗在日本職棒打了九個球季後，於2001年毅然轉戰美國大
聯盟，到2013球季結束他的安打數已累積了2,742支的安打。
若外加日職時期的1,278支，總共已是4,020支的安打！就差
Pete Rose的4,256支安打紀錄236支，哇！可能再兩個球季，
世界紀錄就是他的了。雖然心中小小的遺憾，一朗怎麼不是
一開始就在美國大聯盟中發展呢？好讓紀錄的比較上更具說
服力，但一朗的能耐是沒人質疑的。（註：一朗已以2016年
6月15日敲出兩支安打，一舉追平與超越Pete Rose的紀錄，
且於同年8月7日擊出他赴美大聯盟的第三千支安打，成為大
聯盟史上第三十位達到三千安的選手。）

Fig.8-19　大聯盟的選手多半是人高馬大的，不然也是無比強壯，還真
的很少看到非戰術性地握短棒。若有——我所能想到的——
就是這位身高不到170公分的David Eckstein。可別小看他，
在他十年的大聯盟資歷中，可是擁有兩枚世界大賽的冠軍戒
指（2002、2006）。其中在2006的世界大賽中Eckstein還得
了MVP！鎮守游擊，看他在球場上的拼鬥精神，可真是給了
我們這些身材不怎麼樣的人一個格外的鼓舞。

8.7 球棒的轉動慣量

・假想的簡易球棒 —— 圓柱形球棒

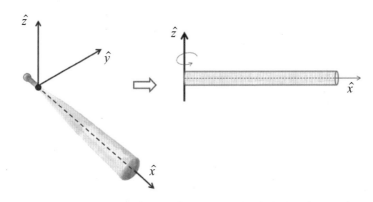

Fig.8-20　本章附錄中估算球棒轉動慣量的簡單模型。我們以實心圓柱
　　　　　筒來模擬球棒，圓柱筒的質量為M、長度為L、筒的直徑為
　　　　　D。

揮棒時球棒的轉動慣量為何？即便在附錄中我們對球棒的形
狀已做大幅的簡化，計算上還真的不是太容易！其結果為

$$I_0 = M \cdot \left(\frac{1}{16}D^2 + \frac{1}{3}L^2 \right) \qquad (8.7)$$

若此圓柱形球棒的材質為白楊木（密度$\rho = 0.64\text{g/cm}^3$），
長度$L = 33\text{in}$（$\approx 84\text{cm}$），圓柱的直徑$D = 2\text{in}$（$\approx 5.08\text{cm}$）。
則這木棒的質量為$M = \rho \cdot (\pi \cdot D^4/4) \cdot L \approx 1106.6\text{g} \approx 1.1\text{kg}$

所以：

以木棒端點為軸的轉動慣量，$I_0 = M \cdot \left(\dfrac{D^2}{16} + \dfrac{L^2}{3} \right) \approx 0.26\text{kg} \cdot \text{m}^2$

又根據「平行軸定律」

以木棒質心為軸的轉動慣量 $I_{C.M.} = I_0 - M \cdot (L/2)^2 \approx 0.065\text{kg} \cdot \text{m}^2$

握把處（6in $\approx$ 15.24cm）為軸的轉動慣量

$$I_6 = I_{C.M.} + M \cdot \left(\dfrac{L}{2} - 0.15 \right)^2 \approx 0.144\text{kg} \cdot \text{m}^2$$

當球棒長度遠大於球棒最粗部分的直徑時，$L \gg D$，（8.7）式的第一項是可忽略不計的，反正這只是一個估算結果。那做為一種挑戰，我們真的能「精確」地計算出球棒的轉動慣量嗎？我會說——理論上可以，但會有些麻煩！

好在我們有實驗的方法來測量球棒的轉動慣量。那該以什麼樣的方法來測量球棒的轉動慣量呢？

・如何測量球棒的轉動慣量？

測量「物理擺」（又稱「複擺」）（physical pendulum）的周期，雖然我們知道「單擺」（simple pendulum）的周期不會因為擺錘的重量而不同，只與擺長有關，就如同自由落體的下落速度不隨落體質量影響一般。但對物理定律的運用，我們永遠要認清楚定律的適用範圍。在「單擺」中，我們是把整個擺錘的質量視為集中在擺長最外端上的一點（也就是支點的另一端），雖然真實世界中不存在這樣的理想單擺，但只要擺錘的質心很靠近擺長的最外端，這個擺就會非常的接近「理想單擺」。

（Fig.8-20）

Fig.8-21　　理想單擺的周期，不會隨擺錘的質量改變而改變。

$$T = 2\pi\sqrt{\frac{l}{g}}$$

　　至於不符合「理想單擺」條件的擺，我們就通稱為「物理擺」。如（Fig.8-22）所示，以球棒當擺錘的擺明顯是一個「物理擺」。如圖中的裝置，擺的支點旋轉軸理應根據個別打者的習慣，設定在他的握棒處。但為求一致性，實驗室中的測量會將此旋轉軸設定在距球棒末端六吋（≈15.2cm）處，如此測得的轉動慣量常記為I_6，其與此物理擺之周期（T）關係為

$$T = 2\pi\sqrt{\frac{I_6}{Mgd}} \qquad （8.8）$$

式中M為球棒的質量，d為球棒質心與旋轉軸間的距離。因此測量周期，我們可反推求得此球棒針對所設定之旋轉軸的轉動慣量。

Fig.8-22 以球棒做為擺錘,擺動的支點設在一般打擊者的握手處。明顯地,此擺為一個「物理擺」,而非「理想單擺」。

球棒	長度		重量		質心		轉動慣量	
	in	m	oz	kg	in	m	oz-in^2	kg-m^2
大聯盟選手常用的34英吋白楊木球棒!	34	0.864	31.2	0.884	22.8	0.579	11239	0.2055
B2	34	0.864	36.5	1.034	22.4	0.569	12283	0.2246
B3	34	0.864	37.5	1.057	20.3	0.516	11836	0.2164
B4	34	0.864	31.9	0.904	21.2	0.538	10127	0.1852
B5	33	0.838	31.4	0.890	19.9	0.505	9325	0.1705
鋁棒與合成球棒 B6	33	0.838	31	0.879	20.4	0.518	9590	0.1753
B7	33	0.838	31.5	0.893	19.3	0.490	8664	0.1584

Fig.8-23 不同規格球棒的轉動慣量 (I_6)。

Louisville Slugger R161球棒的規格

　　長度：33英吋（84公分）

　　質量：31盎司（879公克）

　　質心位置：距棒頭10.8英吋（27.4公分）

　　質心轉動慣量：$I_{\text{C.M.}} = 0.045\text{kg} \cdot \text{m}^2$

$I_6 = 0.194\text{kg} \cdot \text{m}^2$

$I_0 = 0.325\text{kg} \cdot \text{m}^2$

 ## 8.8 揮棒速度

　　之前我們介紹了在不到0.5秒的時間內，打擊者對投手球路的反應與判斷時間，外加揮棒本身約得花上的0.15秒，讓打擊這項任務變得格外困難。幾乎沒有一點點多餘的時間可供耽擱，七次失敗，三次成功就屬優異，可見其難度一番。而本節想看的則是另一個問題，打擊者在正常的揮擊下，球棒本身的運動速度可多快？

　　（Fig.8-24）是由打擊者正上方俯看打擊者的揮棒情形。在整個揮棒的過程中，球棒本身包含了旋轉與平移的運動。我們也大至可看見在0.27秒到0.41秒之間是球棒快速加速的階段，這就是前面所說的揮棒本身所需之時間。由左圖可很清楚地看出，打擊者在投手準備將球投出之際，就得開始揮棒的前置動

作。右圖則可看見，在揮棒過程中棒頭的速度可達26m/sec（將近60mph）。也由於這是對一般選手正常揮棒下所做的研究（非特別快的揮棒），因此我們相信大聯盟選手的揮棒可更快一些。但有趣的是在同一個圖中我們也發現，在棒頭尚未達到最快速度前，約在0.3秒的時候，棒尾端（握手端）就已開始減速，這現象引起我們另一個問題，在揮棒過程中打擊者對球棒到底是如何去施力的？別小看這問題，雖然每一個人都會揮棒，但去解釋我們如何揮棒又是另一回事，並不簡單。有興趣的讀者不妨可讀一讀Rod Cross所寫的一篇論文《Mechanics of swinging a bat》（Am. J. Phys. 77, 36-43(2009)）。

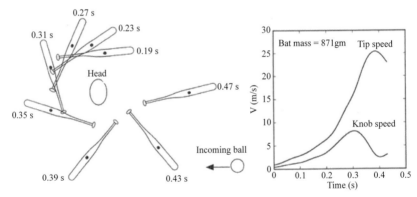

Fig.8-24　（左圖）乃根據對打擊者揮棒過程的攝影所繪製，並依此估算球棒棒頭與棒尾之速度（右圖）。

回到我們所關心的問題，球棒的速度可多快？對此棒球迷想知道的事，也有其他的學者研究歸納出一條經驗公式，

$$\omega = \frac{32.11}{I_0^{0.277}} \qquad (8.9)$$

式中球棒旋轉速度ω的單位為rad/sec（徑度量1rad=360°/2π），轉動慣量I_0為kg·m^2。對特定的球棒，這經驗公式不僅給出打者的揮棒速度可多快（實際的速度當然還是會依打擊者的能力而定），更重要的是清楚告訴我們：

> 影響揮棒速度的是球棒的「轉動慣量」，
> 不是球棒的「質量」！

此外，我們若減少球棒20%的轉動慣量，依（8.9）式的估算，球棒的旋轉速度僅會增加6%而已。看來這差別只是一點點而已，但也別輕忽這些微的差別，我們不是也常聽人說——決定棒球賽的結果，僅在一吋時間的差異！

· 球棒於擊球點的速度

就以Louisville Slugger R161這支球棒（長度84cm）為例。若擊球點在離棒頭19.1cm處，又根據研究發現，打擊者揮棒擊球的瞬間，球棒轉動的軸心會在球棒尾端外約2.54cm(1in)處，所以擊球點的速度可估算為

$$v = r \cdot \omega = (0.84 - 0.191 + 0.0254) \cdot \frac{32.11}{0.325^{0.277}} \, \text{m/sec} \approx 28.5 \text{m/sec} \qquad (8.10)$$

差不多是102.5km/hr（64.1mph）。

Fig.8-25　可別忘了80年代的這位老兄，奧克蘭運動家隊盛世時期的大明星——Jose Canseco，他可是大聯盟中第一位創下40/40的選手（單季全壘打與盜壘數均超過40次），光看當時他的長相與身材，就可感受到一股力量與速度所結合的美。但這位老兄給大聯盟所投下的一顆大震撼彈，是他退休後所出版的書《加料……》（Juiced...），除了承認自己的選手生涯中均有服用類固醇、運動增強劑（Performance Enhancing Drugs, PED）外，還牽扯一堆的選手出來，包括他的前隊友Mark McGwire，這位在1998年與Sammy Sosa共同追逐，並雙雙打破原單季的61支全壘打紀錄，進而拯救了當時因勞資糾紛而搖搖欲墜的美國職棒。但《加料……》的報料，可讓McGwire爭扎了好幾年才逐漸走出陰影，還一度自我放逐於棒球界之外。然而，此議題就像野火般地燒了起來，一發不可收拾。尤其是PED的爭議……原本毫無爭議的名人堂級的大明星Roger Clemens與Barry Bonds等等，該被選入名人堂嗎？今後每年的名人堂投票期間，這議題也必定會被再爭議討論一次。（註：1998年球季，McGwire的全壘打最終為70支，Sosa則為66支。此新的單季全壘打紀錄僅存三年，於2001年球季被Barry Bonds所破，73支。）

8.9 附錄：估算球棒轉動慣量的簡單模型（可省略）

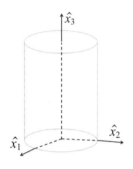

我們就以均勻的圓柱形木棍來模擬球棒。若木棍所給定的尺寸爲長L、圓柱半徑R（直徑$D = 2R$），又木棍質量爲M。因此木棍爲均勻之圓柱形，其密度爲一定值

$$\rho = \frac{M}{(\pi \cdot R^2) \cdot L}$$

根據此圓柱形木棍的對稱性，其中三個特別的「慣量主軸」如圖所示，所對應之轉動慣量分別爲I_1、I_2、與I_3。由於以$\hat{x}_1$或$\hat{x}_2$爲旋轉軸方向之轉動並無差別，所以我們可知$I_1=I_2$。

再根據（8.4）式對轉動慣量之定義：

$$I_1 \equiv I_{11} = \int \rho \cdot (\delta_{11} x_k^2 - x_1^2)\, d\tau = \int \rho \cdot (r^2 - x_1^2)\, d\tau = \int \rho \cdot (x_2^2 + x_3^2)\, d\tau$$

註：在處理（8.4）式時，我們遇見了一個叫「Kronecker delta symbol δ_{ij}」的數學符號，其定義爲

$$\delta_{ij} = \begin{cases} 1 & i=j \\ 0 & i \neq j \end{cases}$$

又於上式所遇見的第一個積分中之x_k^2，其下標k未指定，這代表

$$x_k^2 = \sum_{k=1}^{3} x_k^2 = x_1^2 + x_2^2 + x_3^2 = r^2$$

即任意點至原點的距離平方。

同理，我們有

$$I_2 = \int \rho \cdot (r^2 - x_2^2) d\tau = \int \rho \cdot (x_1^2 + x_3^2) d\tau$$

所以我們把 I_1 與 I_2 相加，又我們已知 $I_1 = I_2$，於是可得

$$I_1 + I_2 = 2I_1 = \int \rho \cdot (x_1^2 + x_2^2 + 2x_3^2) d\tau$$

對此體積的積分，配合我們所要計算的圓柱形木棍之對稱性，若以圓柱座標系（cylinder coordinate）來處理我們的積分，將可大幅減低計算上的困難度。

$$2I_1 = \int \rho \cdot (x_1^2 + x_2^2 + 2x_3^2) d\tau$$
$$= \int_{z=0}^{L} \int_{\phi=0}^{2\pi} \int_{r=0}^{R} \rho \cdot (r^2 + 2z^2) r \, dr \, d\phi \, dz$$

經一番的整理與計算，並代入密度的表示式，我們可得最後的答案

$$I_1 = M \cdot \left(\frac{1}{4}R^2 + \frac{1}{3}L^2 \right)$$

若我們所面對的圓柱形木棍之半徑遠小於其長度，即$R \ll L$，上式可趨近於

$$I_1 = \frac{1}{3} M \cdot L^2$$

事實上，在這個狀況下，我們的積分可簡化成一維的積分，計算上就變得容易多了。

於此附錄中，我們以一個很簡單的圓柱形木棍來模擬球棒，即便與真實的球棒不同，單純了許多。我們還是看見了**轉動慣量**之理論計算不是一件簡單的工作。幸好，為得知真實球棒的**轉動慣量**，我們有一個簡單的測量方法，即8.7節中對「物理擺」周期的測量。

打擊出去

Chapter 9

　　雖然之前我們已提及擊球的瞬間，其衝撞力會使棒球本身於碰撞的瞬間變形。事實上，即便是球棒也同樣地會有變形與振盪的運動產生。但且慢！在我們循序去理解棒球場上的物理解釋時，我們倒不需急著把問題一下子就設定的很真實，卻讓這真實性造成問題的困難，而難以處理。多數狀況下的合理假設，不僅可使問題簡化，同樣地也可得到許多棒球場上有趣現象的解釋。如果讀者還記得，在我們之前對棒球飛行的討論中，即已見識過物理學家對簡化問題的常用技倆。而在本章即將討論的「球棒與球的接觸」中，我們也先給問題一個簡化的假設：

球棒是一個理想的剛體（perfect rigid-body）

　　雖然在此假設下，我們已無法去討論球棒因撞擊振盪所產生的許多效應。但從中我們還是可學到物體間碰撞問題的基本內容，並回答所有棒球迷所會問的一個問題，打擊出去的棒球可多快？飛的多遠？

9.1 打擊者對球棒的選擇

　　對我們一般人來說，買支球棒可能是簡單的事。然而一旦棒球走進了專業領域，球場上的各個細節也理所當然地講究了起來，趨於細膩，球隊的輸贏勝敗或許就在這些細微上的差異。買支球棒，絕對是一門大學問，其難度也絕不下於在百貨公司中挑件衣服。買衣服，胖的人不要再去買含有橫條圖紋的衣服，瘦的呢？若還穿直紋衣服就更瘦了。挑球棒好像也有一些潛在的

通則，安打型的打者偏好球棒本身的均勻性，上章中我們已學到了，這是因為均勻的棒身可讓球棒有較小的轉動慣量，進而增加揮棒的速度。至於大砲型的打擊者就會挑一支棒頭大的球棒，認為這樣可把球打的比較遠，這是真的嗎？本章中我們就來嘗試回答這個隱藏於大砲選手偏好背後的道理。當然了，還是跟穿衣服有同樣的道理，潛規則畢竟就只是潛規則，最重要的還是打擊者的感覺，一支真的讓自己順手滿意的球棒。

> 我打擊好的主要原因是我能等待球的飛來，而用短的、輕的球棒使我能夠這麼做。如果我用比較重的球棒，我可能迫不及待地想要趕快揮棒。
>
> ─生涯3,141支安打，得了八次國聯打擊王的名人堂堂主，
>
> Tony Gwynn

Fig.9-1　選擇一支合適的球棒也是一門學問

9.2 理想狀況下兩物體間的正向碰撞

在探討球場中打擊者將球擊出的問題前，先讓我們看一下兩物體正向碰撞（head-on collision）的標準形式，以及物理學家如何看待此問題。考慮一個僅含有兩物體（質量分別為M與m）的獨立系統，如（Fig.9-2）所示，由於所要討論的是正向碰撞，可視為一維運動的問題，且其碰撞過程的前後除了平移運動外，並無自旋轉動的現象。在此假設下，這兩個物體的外觀形狀在我們的問題中並不重要。

牛頓的第三運動定律（作用力與反作用力定律）告訴我們，於碰撞過程中的任一時刻t，若質量M的物體施與質量m的物體一個撞擊衝力$F_{M \to m}(t)$，則同一時刻物體m也必定會施與一個反作用力$F_{m \to M}(t)$給物體M。這兩個力雖然大小相等，方向相反（$F_{M \to m}(t) = -F_{m \to M}(t)$），但由於是分別施在兩個物體$M$與$m$上，因此不能互相抵消。

又根據牛頓第二運動定律中對力的定義：

$$F = m\frac{dv}{dt} \Rightarrow F(t)dt = d(mv) \qquad (9.1)$$

若我們定義物體的動量（momentum）為物體質量與其運動速度的乘積，$\vec{p} = m\vec{v}$。則（9.1）式告訴我們，物體所受之力對碰撞時間的積分，即物體於此碰撞過程中所受到的總衝量，會等於此物體碰撞前後的動量變化，

$$\int_{t_i}^{t_f} F_{M \to m}(t)dt = m \cdot u_f - m \cdot (-u_i) \qquad （9.2）$$

式中速度之正負號依（Fig.9-2）所示。同理，碰撞前後物體M的動量變化為

$$\int_{t_i}^{t_f} F_{m \to M}(t)dt = M \cdot v_f - M \cdot v_i \qquad （9.3）$$

碰撞前　　　　　　　　　　碰撞後

Fig.9-2　兩物體間的正向碰撞，只考慮物體的平移運動。

又$F_{M \to m}(t) = -F_{m \to M}(t)$，所以牛頓的第三運動定律可以把（9.2）式與（9.3）式聯結一起，成為

$$M \cdot v_i - m \cdot u_i = M \cdot v_f + m \cdot u_f \qquad （9.3）$$

即碰撞前後，此兩物體的動量和為一定值。

在無外力作用下的獨立系統中，
物體碰撞前後之系統總動量守恆。

此外，在第七章中我們曾針對棒球的反彈能力引入「反彈

係數」（Coefficient of Restitution，COR）── 棒球碰撞堅硬地板，反彈速度與撞擊速度間的比值。在本章的討論中，我們可更進一步地將此「反彈係數」的定義一般化，使之成為 ── 碰撞後兩物體間的遠離速度與碰撞前的接近速度之比值，依（Fig.9-2）所示，即

$$e \equiv \frac{u_f - v_f}{u_i + v_i} \qquad (9.4)$$

- 依此「反彈係數」的大小，我們可將碰撞問題再細分為：
  - 完全彈性碰撞（complete elastic collision），$e = 1$：在此狀況下，合併（9.3）式與（9.4）式，經過整理可得

$$\frac{1}{2}M \cdot v_i^2 + \frac{1}{2}m \cdot u_i^2 = \frac{1}{2}M \cdot v_f^2 + \frac{1}{2}m \cdot u_f^2 \qquad (9.5)$$

即碰撞前後的系統動能守恆。又兩物體應於同一高度碰撞，重力位能也就相等，所以對完全彈性碰撞來說，除了動量會守恆外，能量也會守恆。
  - 完全非彈性碰撞（complete inelastic collision），$e = 0$：此狀況下，碰撞後的兩物體會黏在一起運動，即$u_f = v_f$。但須注意的是碰撞前後的動量仍舊守恆，所以依（9.3）式，碰撞後的速度為

$$u_f = v_f = \frac{M \cdot v_i - m \cdot u_i}{M + m} \qquad (9.6)$$

- 一般的彈性碰撞（elastic collision），$0 < e < 1$：真實世界中絕大多數的碰撞均屬此類別。

雖然爲了方便，我們將碰撞問題分成三個類別，但無論是在哪一類別的碰撞，我們均可合併動量守恆的（9.3）式與定義反彈係數的（9.4）式，來求得兩物體碰撞後的速度

$$v_f = \frac{1 - (m/M) \cdot e}{1 + m/M} \cdot v_i - \frac{(1+e) \cdot m/M}{1 + m/M} \cdot u_i \qquad (9.7)$$

$$u_f = \frac{1+e}{1 + m/M} \cdot v_i + \frac{e - m/M}{1 + m/M} \cdot u_i \qquad (9.8)$$

Fig.9-3　撞球桌上的物理課，撞球可被視爲一個完全彈性碰撞的問題來處理。

因爲很多人不喜歡數學的描述，總覺得凡事遇見數學就麻煩起來。這讓我們得再稍微離題一下，問一問大家，撞球上的「定桿」怎麼打？又爲什麼可把母球給定下來不動？

　　問了許多人，不少人是可以告訴我怎麼打，但為什麼呢？則很難以言語說清楚「定桿」背後的道理。但有了數學上的幫忙後，很多事情反而可以比較直接與精確地說明。

　　在撞球的例子中，我們可將每一顆球均視為「理想」的等重剛體。且撞球中球與球間的碰撞，可視為完全彈性碰撞（$e = 1$）來處理。在打「定桿」球時一個很重要的要點是：我們必須將球桿打在母球（M）的正中心處，且力量要大。這無疑是要讓我們所打出去的母球只有平移而不轉動；那所要打的色球（m；$u_i = 0$），瞄準時也是要瞄準其正後方，使之被撞擊後是往母球原先的運動方向前進，所以「定桿」球一定是屬於一維的正向碰撞問題。綜觀這些條件，撞擊後，母球與色球的速度可分別由（9.7）式與（9.8）式獲得證明：$v_f = 0$及$u_f = v_i$，這就是「定桿」。

　　同上的打法，但現在我們不瞄準色球的正後方，而是打其側邊。明顯地，這次撞擊不再是一維運動，而是包含整個桌面的二維運動。再藉由動量守恆與能量守恆兩個條件也可證明：撞擊後的母球與色球之速度會互相垂直。打撞球時千萬要記得這個原則，因此原則可讓你避免掉母球可能的洗袋！回想我的大學年代，手機還沒有，電動也不像現在這般的花俏，撞球店倒是學校旁的熱門商店。這是不錯的，常到那裡，倒也有個好理由，因為我們是物理系的學生，就說是要做大二古典力學的實驗課吧！

9.3 球棒與球的接觸

讓我們回到球棒與球的碰撞問題上。同樣地，為簡化問題的複雜性，於本節中所要討論的碰撞類型還是有相當程度的侷限性。例如：我們假設投手所投出的球是顆沒有自旋的速球，且與球棒的碰撞也是正向碰撞，因此被擊出的球僅會朝投手的方向飛去，同時也保持不自旋的狀態。這樣多的限制在真實的球場中當然鮮少出現，但如此簡化下的擊球，還是可以讓我們對球棒與球的碰撞問題有一個大體上的認識。

除此之外，還有一點值得說明：雖然打擊者從揮棒到擊中球的瞬間，打擊者多少是有施力給球棒，但其大小會遠小於球棒與球之間的撞擊衝力，因此我們可將打擊者所施的力給忽略不計，如此球棒與球之間的碰撞還是可被視為一個不受外力作用的獨立的系統。也因此碰撞的前後，球棒與球的總動量會是一個守恆量。也由於球棒的獨特外型，所以除非球剛好打在球棒的質心上，不然球棒就會有旋轉的運動出現，球棒旋轉的角動量（angular momentum）也因此改變，至於改變多少會與球棒擊球的位置不同而有所不同。所幸，造成球棒角動量改變的力矩，其來源也是球棒與球間的撞擊衝力，而非來自系統外的外力作用，因此若把球的角動量也納入計算，則系統碰撞前後的角動量仍會是一個守恆量。

由球棒與球的碰撞問題，我們知道在一般無外力作用下的
碰撞存有兩個重要的守恆定律：
「系統的總動量守恆」與「系統的總角動量守恆」

雖然對於碰撞問題，我們常以碰撞過程中的守恆定律來探求
碰撞前後的物理狀態。但為方便解釋一些棒球迷所感興趣的議
題，我們將採用一個較為不同的方式來討論球棒與球的碰撞問
題。即便如此，基本原理當然還是一樣的。

讓我們看看是否有辦法將球棒擊球前後的示意圖（Fig.9-4），
轉換到之前我們所討論的正向碰撞之標準形式（Fig.9-2）。但

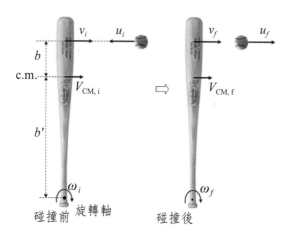

Fig.9-4　簡化下的球棒與球之碰撞。在真實的揮棒打擊過程中，擊球
　　　　前的球棒會有平移與旋轉兩種不同形式的運動。但研究發
　　　　現，在全力揮棒擊球的瞬間，球棒之旋轉會是主要的運動形
　　　　式，因此在我們的討論中就省略球棒的平移。

不同的是在撞擊點上我們以「有效質量」（effective mass）M_e的質點來替代球棒的真實質量M，即（Fig.9-5）所示。事實上，我們也真的能夠如此（證明將於下一節9.4中給出），而這擊球點的有效質量為：

$$M_e = \frac{M}{1 + \dfrac{M \cdot b^2}{I_{C.M.}}} \tag{9.9}$$

此公式說明了「有效質量」的大小與球棒本身的質量（M）、質心轉動慣量（$I_{C.M.}$）、與擊球點的位置（擊球點與質心間的距離b）有關。

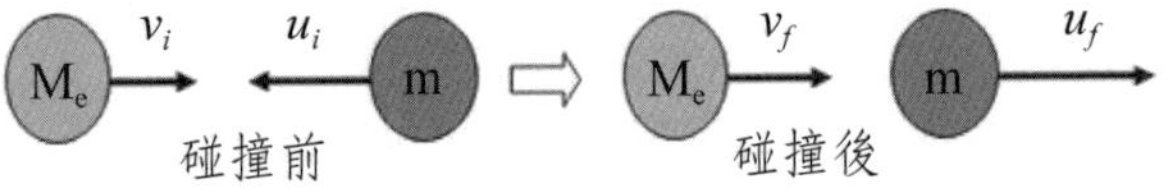

$$\begin{array}{ccc} M_e \xrightarrow{v_i} & u_i \leftarrow m & \Longrightarrow & M_e \xrightarrow{v_f} & m \xrightarrow{u_f} \\ \text{碰撞前} & & & \text{碰撞後} \end{array}$$

Fig.9-5 （Fig.9-4）中球棒與球間之碰撞的等效圖。（Fig.9-4）中的球棒質量M已被「有效質量」M_e的質點所替代。

就以Louisville Slugger R161球棒的規格（長33英吋；重31盎司（≈ 0.879kg））為例，若球擊在距棒頭7.5in（≈19.1cm）處，此位置之有效質量為：

$$M_e = \frac{M}{1 + \dfrac{M \cdot b^2}{I_{C.M.}}} = \frac{0.879}{1 + \dfrac{0.879 \times (0.191 - 0.274)^2}{0.045}} \approx 0.775\text{kg}$$

同時我們也繪製了不同擊球點與所對應之球棒有效質量的關係圖
（Fig.9-6）。圖中顯示，當球擊中球棒的質心時，有效質量就
是球棒所有的質量，這符合我們對質心的要求——物體所有的質
量就集中於這一點。而當擊球點離開了球棒質心，球棒的有效質
量會比眞實的球棒質量小，這也是合理的，因爲球只打在球棒的
部分區塊，且距離越遠，有效質量也就越小。

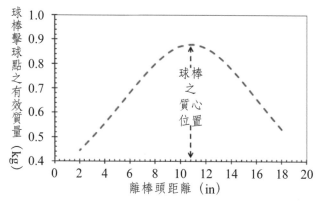

Fig.9-6　球棒有效質量vs.擊球點位置。雖然把球擊在質心上，其有效質
　　　　量最大，感覺上可把球擊的遠一點。但別忘了，球棒不是均勻
　　　　粗細的圓柱體，其粗細的分布可會大大影響球與球棒間的反彈
　　　　係數。

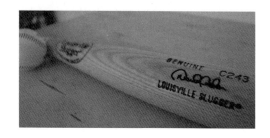

9.4 球棒擊球時的有效質量（證明）

　　針對想探求究竟的讀者，本節將證明球棒擊球時的有效質量為何會是（9.9）式的結果。根據（Fig.9-4）所示，在球棒與球的碰撞過程中，球在撞擊點上施給球棒一個撞擊衝力$F_{m \to M}(t)$。然而在上一章我們對系統質心的介紹中，也提及我們是可把質量為M的整支球棒，視為一個位於球棒質心位置且質量為M的質點，且撞擊衝力$F_{m \to M}(t)$就作用在此質點上，即

$$F_{m \to M}(t) = M \frac{dV_{C.M.}}{dt} \tag{9.10}$$

其中球棒的質心速度$V_{C.M.} = b' \cdot \omega$，其中$b'$為球棒握把處至質心位置的距離。此外，球撞擊球棒所產生的力矩也會改變球棒的旋轉速度，

$$F_{m \to M}(t) \cdot b = I_{C.M.} \frac{d\omega}{dt} \tag{9.11}$$

式中$I_{C.M.}$為自轉軸通過質心的球棒轉動慣量。

　　然而，我們若將問題轉換到正向碰撞的標準形式，如（Fig.9-5）所示，那球於撞擊點上對球棒所施加的撞擊衝力應可寫成

$$F_{m \to M}(t) = M_e \frac{dv}{dt} \tag{9.12}$$

式中的v為球棒於擊球點處的速度大小，與球棒質心速度之關係為

$$v = V_{C.M.} + b \cdot \omega \qquad (9.13)$$

進一步我們將（9.13）式對時間微分

$$\frac{dv}{dt} = \frac{dV_{C.M.}}{dt} + b \cdot \frac{d\omega}{dt} \qquad (9.14)$$

再把（9.10）～（9.12）式中對時間微分的各項分別代入（9.14）式，則可得到我們所要的關係式——球棒於擊球點的有效質量

$$\frac{1}{M_e} = \frac{1}{M} + \frac{b^2}{I_{C.M.}} \Rightarrow M_e = \frac{M}{1 + \frac{M \cdot b^2}{I_{C.M.}}} \qquad (9.15)$$

🧢 9.5 球棒的反彈率

　　一旦我們將球棒擊球的問題轉換到兩物體正向碰撞的標準形式（Fig.9-5），一切就簡單了，我們甚至可套用（9.8）式的結果。打擊出去後，球離開球棒的瞬時速度為

$$u_f = \frac{1+e}{1+m/M_e} \cdot v_i + \frac{e-m/M_e}{1+m/M_e} \cdot u_i \qquad (9.16)$$

嚴格來說，式中的反彈係數（e）應為「球棒與球間的反彈係數」（Ball-Bat COR）。然而大聯盟並未對此係數做出明確的規範，原因是影響此係數大小的因素頗為複雜而難以掌控。試想球棒本身的粗細會隨位置的不同而不同，造成球撞擊不同的位置將會產生不同模式的振盪（此現象將是我們下章的主題），因而也讓此反彈係數出現明顯的差異。此外，撞擊的速度也會影響到此係數的大小。不過一般說來，球棒與球間的反彈係數大約會在 $e = 0.3 \sim 0.5$ 之間，最大值會出現在球棒的甜蜜點（sweet spot）附近。

註：雖然大聯盟對「球棒與球間的反彈係數」沒有做出規範。但實作上，大聯盟所要求的是「棒球與堅硬木牆間的反彈係數」（Ball-Wall COR）：$e = 0.546 \pm 0.032$

　　如同我們在[第七章　棒球的特性]中所介紹的，檢驗方法是將棒球以58mph（$\approx$26m/sec）的速度撞擊以白楊木為材質的木牆，然後測量計算此棒球反彈與撞擊速度的比值。

　　然而，與其面對難以掌控的「球棒與球間的反彈係數」（e），棒球界中也常定義一個更簡潔的參數——球棒反彈率（bounce factor）：讓球去撞擊靜止的球棒（$v_i = 0$），則球離開球棒與接近球棒的速率比值（$q \equiv u_f/u_i$）便是此撞擊的球棒反彈率，而這比值是可實際測量的。同時依定義與（9.16）式可知

$$q \equiv \frac{e - m/M_e}{1 + m/M_e} \qquad (9.17)$$

別忘了，球棒的「有效質量」與「球棒與球間的反彈係數」均是
與擊球點的位置有關，因此球棒的反彈率也會隨擊球點的不同
而不同。一旦測得球棒的反彈率（q），根據定義球棒「有效質
量」的（9.9）式與（9.17）式，我們便可反推求得「球棒與球
間的反彈係數」（e）。

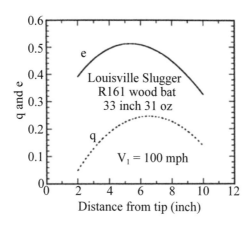

Fig.9-7　以球速100mph的棒球撞擊靜止的Louisville Slugger R161
　　　　球棒。實驗中讓球撞擊球棒的不同位置（橫軸為撞擊點距
　　　　球棒棒頭的距離），並測量球的反彈速度，其與初速度
　　　　（100mph）的比值即為此撞擊點的反彈率q。有了q，便可再
　　　　反推球與球的反彈係數e。

接續前例，對Louisville Slugger R161這支棒子，我們已計算

過球棒在離棒頭7.5in（≈19.1cm）處之「有效質量」爲$M_e =$ 0.775kg，配合（Fig.9-7）中此處之球棒反彈率約爲$q ≈ 0.24$，則球棒與球間的反彈係數（e）可被反推爲

$$e = q + (1+q)\frac{m}{M_e} = 0.24 + (1+0.24) \times \frac{0.145}{0.775} ≈ 0.47$$

註：球的質量爲$m = 0.145$kg。

 ## 9.6 打擊出去的棒球可飛多快？

引入球棒反彈率的最大好處，在於我們可以直接對打擊出去後，球離開球棒的瞬時速度做一估算，藉球棒反彈率的定義，（9.16）式可改寫成

$$u_f = (1+q) \cdot v_i + q \cdot u_i \qquad (9.18)$$

接下來，我們同樣以上面所提及的Louisville Slugger R161這支棒子來分析（9.18）式，並概略看一些球迷所會感興趣的議題。

- 假設擊球點在離球棒棒頭7.5in(≈19.1cm)處，這位置大約是離球棒質心位置b=3.3in(≈8.4cm)處。若依（Fig.9.7）的數據，則此處的球棒反彈率約爲q≈0.24，所以球擊出去的瞬時速度爲

$$u_f = 1.24 \cdot v_i + 0.24 \cdot u_i \qquad (9.19)$$

- 面對投手以球速u_i=100mph（≈160km/hr）投來的球，假設打擊者的揮棒速度於此擊球點可達v_i=64.1mph（≈102.5km/hr）（註：此速度乃由（8.10）式所估算），則此球將以u_f= 103.4mph（≈165.5km/hr）的速度飛出。約略就是100mph吧！在我們之前對棒球飛行距離的估算中，也是以這速度來計算的。

- 當球速每增加1mph，打擊出去的球就會增加0.24mph；但若揮棒速度快上1mph，則球擊出後的速度可快上1.24mph。比較這兩項因素，揮棒速度加快1mph對球擊出後的影響，可是比投手球速快上1mph的影響快上5.17倍！可見要讓球飛的遠，球擊出瞬間的飛行速度就得加快，而打擊者的揮棒速度還是關鍵所在！

- 同樣面對投手以球速u_i=100mph（≈160km/hr）投來的球，依據（Fig.9-7）的數據，我們也可估算 —— 打擊者在正常揮棒下（揮棒速度以（8.9）式的經驗公式計算），將球打在球棒不同位置上，球被擊出的速度會是多少？其結果如（Fig.9-9）所示。如預期一般，球擊在不同的位置會出現不同的速度效果。在此例子中，當球擊在離棒頭約5.8in(≈14.7cm)處，球會有最大的飛離速度u_f ≈110mph。

需提醒讀者的是，若投手的球速不再是100mph的快速球，此時球棒的撞擊反彈率與（Fig.9-7）所給出的值就

Fig.9-8　Barry Bonds。單季73支全壘打、生涯762支全壘打的紀錄保
　　　　持人。記得在他敲出73支全壘打的那年，有次投手在滿壘的
　　　　狀況下得面對Bonds的打擊，防守一方的教練最終還是選擇了
　　　　直接保送Bonds，寧可送對方一分，也不要讓他造成重傷害。
　　　　生為一位強打者，碰見對方教練這樣的決定，心中必然感到
　　　　一股莫大的榮譽。但也別忘了Bonds的速度，生涯514次的盜
　　　　壘。Bonds可真的是一位全能選手，在22年的球員生涯中得了
　　　　七次的聯盟MVP，怎麼看也該是棒球名人堂的堂主！但不幸
　　　　的是在當今運動增強劑（PED）的爭議中，Bonds就是涉入的
　　　　指標選手之一，另一位指標人物則是得了七座賽揚獎的大投
　　　　手——火箭人Roger Clemens。現今，這兩位大人物能不能入
　　　　選名人堂，沒有人能說的準。而當我們要拿起道德標準衡量
　　　　這兩位大明星之前，我們所先需要知道的事實是，這些藥品
　　　　在當時的大聯盟中並沒有被禁止，且Bonds也通過了所有的藥
　　　　檢。若讀者對此議題有興趣，我也建議讀者去看哈佛大學教
　　　　授麥可·桑德斯所著的《反對完美——科技與人性的正義之
　　　　戰》，書中有一章便是討論此議題的「生化運動員」，值得
　　　　一讀。道德並非是一條清晰明確的判準線。

會有所差異，也因此可將球擊出最大速度的打擊點也就會
稍有不同。

- 好玩的問題就出現了，快速球真的會被打得比較遠嗎？如
  果除了球種不同所造成的速度不同外，其餘的一切變數均
  是相同，那答案當然是肯定的。畢竟與曲球相比，快上近
  20mph的快速球是可讓球擊出的速度快上4.8mph！但想
  想這4.8mph的差異，打擊者的揮棒速度只要快上3.9mph
  就可扯平了！真實球場上的問題可能就出在是快速球，還
  是曲球較容易被打者給掌握住，確實擊中球心與球棒甜蜜
  點。也別忘了，在此我們還沒有把球的自旋因素考慮進來
  呢。

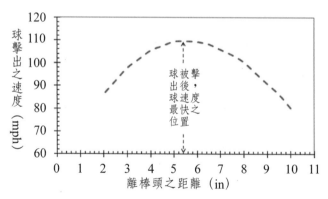

Fig.9-9 面對100mph的速球，打擊者將球打在球棒的不同為位置，擊
出去的球也將會有不同的飛離速度。雖然理論上我們可計算
何處是最佳的擊球點，可讓球飛的最遠。但這擊球點會因不
同的狀況下，即便是投手的球速變化，而有所變化！這可讓
打擊者難以掌握。

9.7 打擊所造成的球自旋現象

在前面的章節中，藉由球棒與球之間的正向碰撞，雖已可闡明碰撞問題上的許多基本物理原理，並也討論了一些影響球擊出後初速度的因素。但在真實棒球場上，這「正向碰撞」可真是太過於罕見，除了投手所投之球需要毫無自旋外，這點即便是蝴蝶球投手都很難完全達到；打擊者還得十分精準地將球棒以球之飛行速度的反方向揮出，並將球打在球棒迎球面的最前端，即（Fig.9-10）中當 $b = 0$ 時的狀況。也唯有這些條件都符合後，才有可能將球擊成一顆同樣是無自旋的飛球。或許打過乒乓球的人會因接發球的經驗而提出質疑，接旋球，我們是可技巧性地回出一球無旋的球。但在棒球場上，我們只能說那太困難了。

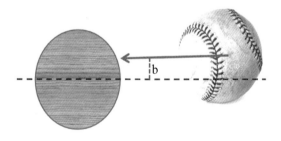

Fig.9-10 　球棒與球的撞擊，只要圖中的撞擊參數 b 不等於零，所擊出去的球便有自旋的現象。

也就是說，在真實的棒球場上，幾乎所有被擊出的球都包含有自旋的現象。在（Fig.9-10）中，若將球擊在虛線的上方（ $b > 0$ ），靠著直覺我們便能判斷出這球會擊成一顆帶有逆旋

的高飛球；反之，若將球擊在虛線的下方（$b < 0$），就會是顆正旋的滾地球。由此我們也可約略領會到，即便投手所投出的球與打擊者的揮棒狀況都不變，唯打擊點的高低（即的大小）稍稍的變化，打擊出去的球就大為不同，球賽的結局當然也就不同了。這也是為什麼會說：棒球賽的輸贏是在一時間的差別！

那我們可由基本原理去估算，真實棒球場上球擊出後的飛行速度與自旋快慢嗎？假如說棒球是個理想的剛體，或許我們還有機會以物理學上幾個很基本的原理：動量守恆、角動量守恆、與能量守恆來做估算。但我們之前也已遇見棒球的真實狀態，乍看之下即便很硬，但在打擊的瞬間它還是會有相當程度的變形，這無疑會讓問題變得極端複雜。因此本節中我們將只針對球擊出後的自旋現象做一概略性的介紹。

球擊出的狀態雖然會因擊球點的高低不同（即b的大小）而有很不同的反彈模式出現，碰撞後的瞬間是否會沿球棒的表面出現滑動（slide）現象？或是滾動（rolling）？或是球可「單純」地短暫附著（grip）在球棒的擊球點上？我們常可看見打擊者在打擊過後仔細端詳他的球棒，倒不都是在檢查球棒是否斷裂，而是在找尋擊球點上球所遺留下來的痕跡，滑動、滾動、或是短暫附著這三種不同反彈模式也將各自留下不同的痕跡模式，以供打擊者於下次打擊時的修正依據。

在（Fig.9-11）中，我們還是先得單純地假設投手所投來之球為無自旋，且球棒與球接觸的剎那間，球就短暫附著在擊球點上，我們也不理會球的變形與否。圖上所標示的是撞擊後球棒施給球之力的概略方向，及由球心至擊球點的位置向量，如此由力

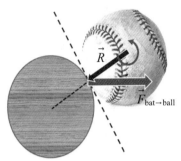

<u>Fig.9-11</u>　對所擊出的高飛球，我們不難以球棒所施加給球的力矩，來
理解高飛球的逆旋。

矩的定義 $\vec{T}=\vec{R}\times\vec{F}_{\text{bat}\to\text{ball}}$，可清楚知道此撞擊給予了球一個由紙面
射出的力矩，即所擊出的高飛球必定是一顆逆旋的飛球。那在
真實的棒球場上，若投手所投出的是顆具有自旋的球，則碰撞
的當下球棒與球的接觸點上便存有一個水平的摩擦力，因此在
（Fig.9-11）上我們還得加上此摩擦力。（注意：球於碰撞前後
的飛行方向幾近相反，而摩擦力方向會與兩接觸面之相對速度方
向相反！）對逆旋的快速球，此摩擦力的方向會沿圖中同時正切
球棒與球的虛線，並指向右下方；而對原本正旋的曲球，摩擦力
則會指向左上方。如此看來，雖然打擊一顆快速球，因合力大小
的緣故，球棒對球所施加的力矩會大於打擊一顆曲球，但可別忘
了！擊球後的逆旋高飛球是與原本曲球的自旋方向一致的，因此
球棒所施加的力矩可直接對曲球的自旋速度加速；反之，快速球
擊出的瞬間，球的自旋方向會整個被逆轉過來，這也是為什麼曲
球被擊出後會具有較快的逆旋速度。

　　至於眞實會變形的棒球，就如同我們之前於第七章「棒球的特性」所介紹的一般，在整個碰撞過程中，棒球會歷經壓縮與恢復過程。在壓縮過程中，正當球與球棒接觸面間的運動幾近停止的時刻，棒球的上方部位還是持續原有的轉動，這不僅會造成棒球不對稱的形變外，其結果也會讓被擊出的球具有較大的轉速！若讀者還要再追問這轉速會有多快？那就會如同問作用於飛行棒球上的力到底會有多大一般，理論的計算肯定困難，那就以實驗去找答案吧！不過當今所存的實驗結果，好像也無法直接應用到像棒球這般的高速撞擊。

　　本章的最後，想再問讀者一遍之前已問過的問題：是快速球容易被打全壘打？還是曲球容易被打出全壘打？直覺上，也是我們在球賽轉播中所常聽到的，快速球要是被擊個正著，因爲有較快的反彈速度，也就因此比較容易被擊出全壘打。但剛剛我們也才提及，被擊出的曲球會有較大的逆旋速度，這意味著會有較大的馬格納斯力，且方向是朝上的，這可是會大幅拉長棒球的飛行距離！

　　在一篇頗受「棒球物理學界」重視的論文中，最後的結論也是認爲曲球比較容易被打出全壘打！不過，並不是所有「學界」中的人都認同這樣的結果，耶魯大學的Robert K. Adair就認爲馬格納斯力的效應被高估了。看來這議題還會不斷地被提出討論一番，短期之內也不太像會有個讓所有人都滿意的結論。原因也很簡單，當「棒球物理」要進入眞實的球場上，我們就得面對許多不確定的變因，甚至強加上許多看似合理的假設，來讓我們的估算與論證可行，這當中我們也相信已得到了許多不錯的解釋與理解，但離眞實百分百的球場實況，我們當然也自知一切都還早呢！

細看球棒遇見球

Chapter 10

近年來頗受各國教育界所重視的「國際學生能力評量計畫」（簡稱PISA），若仔細推敲此評量計畫對「科學素養」的定義與評量準則，不難發現「科學」與「科技」兩者之間有其根本上的差別。若不將此差別釐清，並於學童階段便去灌輸此兩者間的差別概念，我們就很難在我們的社會中去將「科學」回歸到「人文」的層面上，我們也就沒有機會去拉近查爾斯·史諾（C.P. Snow）所指的「兩種文化」間的距離——「文學知識分子」與「自然科學家」間的文化差異。在全民皆大學的政策上（我是贊成的），也就無法去落實全民大學所要帶給我們社會的改造工程。「科學」與「科技」若是不分，對一本論述「棒球場上的物理學」的書籍，也就僅會去在意它是否能讓我們的棒球打得更好？很可惜，這將不會是這本書所以存在的價值。

當然，「科學」與「科技」兩者間是會相輔相成的！這在科學發展的歷史上已有太多的例子出現，而無須我在此論述。即便在「棒球場上的物理學」中，之前所介紹的PITCH f/x系統就是一例，攝影技術搭配上電腦計算上的輔助，讓我們看見那不到0.5秒間的棒球飛行軌跡，也讓我們有範本去重新檢視作用在飛行棒球上之力，並認識到各球種間的確實差異；而在本章中，同樣是攝影技術的進步，也讓電視前的我們均可看見每秒拍攝五千張影像的超慢動作，我們真能看見的是球棒於擊球瞬間的柔軟，球棒的振盪是有一個可被理解的振盪模式，這也讓我們對球棒「甜蜜點」有了新的認識。

10.1 「.406」

　　對美國大聯盟有興趣的朋友應逐漸地會對一些數字熟悉起來，56是Joe DiMaggio（狄馬喬）的連續安打場次、61是Roger Maris（羅傑·馬理斯）保持三十多年的單季全壘打紀錄，雖說擁有這樣傲人的紀錄理應榮耀一生，然而這紀錄卻也讓Maris飽受折磨，如今這備受詛咒的紀錄又換成了另一個爭議十足的Barry Bonds的73、42是Jackie Robinson（瑞奇·羅賓森）的背號、2,632是Cal Ripken, Jr.（卡爾·瑞普肯）的連續出場場次……我們是可一直地說下去，甚至寫本專書來細數美國大聯盟的數字密碼，每個數字不僅有它獨特的故事與意義，也各自代表出一段棒球的歷史與文化──美國的「國家娛樂」（National Pastime）就是如此地傳承下去。對了，提到數字，還有一個不能遺漏且與本章主題有所聯結的──「.406」，Ted Williams（泰德·威廉斯）於1941年所打出的球季打擊率，這也是近代大聯盟史上最後一次超過四成的打擊率。

　　威廉斯退休後寫了一本《打擊科學》的書來傳授他的打擊要領，其中有提到擊中球的瞬間，威廉斯叮嚀打者要將球棒緊握，盡可能地握緊球棒。但另一位也是棒球名人堂堂主的強打者George Brett（喬治·布列特），卻說他擊球的瞬間僅是輕輕地扣住棒子。這樣明顯不同的打擊經驗到底誰對呢？我們又該如何以物理學的眼光去檢驗他們各自的主張？

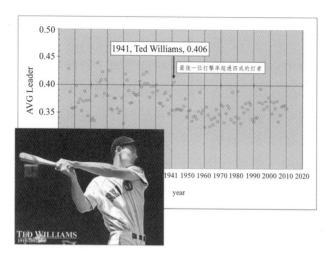

Fig.10-1　1941年是Ted Williams在大聯盟的第三個球季,也從這個球季開始,人們眼中的Williams就不單僅是一位天生好手(菜鳥球季即以145分的打點拿下當年的打點王),他鐵定會是大聯盟史上的傳奇人物。當年自從7月17日DiMaggio結束他不可思議的連續56場安打的紀錄後,隨著球季尾聲一天天地逼近,全美的焦點也就一天天地加重於年僅23歲的Williams身上,這小子能完成四成打擊率嗎?球季來到了最後一天,賽前Williams的打擊率為.39955,四捨五入恰巧就是四成打擊率。教練也為此想在最後一天的雙重賽(doubleheader)中換下Williams,以確保這四成的打擊率。Williams斷然拒絕這樣的提議,「如果到了球季的結束,我不能真正地打出四成打擊率,我就不配擁有這項紀錄」於是最後一天的比賽,紅襪的陣中仍有Williams,第一場比賽五之四,第二場則為三之二,兩場比賽合計在八次打數中擊出了六支安打,其中包含兩支二壘安打與一支全壘打。球季最終的打擊率也就成了.406。

　　Ted Williams與George Brett，兩人退休後都分別在基層的球隊中當了一陣子的教練。對一個棒球的菜鳥選手，有這樣大牌的球星教練，也算是一種福氣。撇開實際上他們教的如何，但想想——有多少打棒球的人真的可以打到大聯盟，又有多少的球星可在競爭的環境下打的夠久，表現的夠好，還可被選爲棒球名人堂的堂主，難度可不比得個諾貝爾獎來的容易！同樣地，在我們的求學階段中，要是有個諾貝爾級的老師來上課，管他會不會教，那感受必定終身難忘與受惠無窮！

　　言歸正傳，如果你好運連連，這兩人都是你的棒球教練，對你也都傳授了他們自己的打擊經驗，那你該聽誰的？

 vs.

Fig.10-2　擊中球的瞬間到底是要緊握棒，還是輕握棒？威廉斯與布列特兩人的說法不一，該聽誰的呢？之前我們已對威廉斯有所介紹，那布列特有多厲害呢？他可是大聯盟史上生涯安打三千支、全壘打三百支、打擊率三成以上的唯四位選手之一。布列特於1980年的.390打擊率也是繼威廉斯之後第二接近四成打擊率的成績（最接近的爲Tony Gwynn於1994年的.394）。

10.2 木棍被敲擊後的振盪模式

　　為解決Ted Williams與George Brett間對握棒的歧見，我們不妨先看一下圓柱形木棍被敲擊後的運動模式為何？由於木棍實際上並非是一根永不形變的理想剛體，當其受到外力的敲打後，即便最終沒有斷裂或變形，在敲打後的霎那間，木棍本身還是會出現一個振盪的運動模式。這也是我們手持木棍敲打東西後，手會感覺到一陣麻麻的原因之一。球棒也是如此，當打擊者擊中球的瞬間，他的手「有時」也會感覺到一陣麻麻刺刺的感覺，這樣的感覺「有可能」就是起因於球棒與球撞擊後所產生的振盪運動。而我們終極想知道的是敲擊位置、球棒握法與球棒振盪模式之間的關聯性為何？

　　我們就先來看對不同握法的木棍敲擊後，木棍會有怎樣不同的反應？（Fig.10-3）左邊是將木棍的一端固定住，實驗上為力保此端確實固定不動，我們會以鋼製固定夾栓住木棍，而不是真的用手去握木棍。如此在固定端外的任何位置，我們給此木棍一個敲擊，經分析可發現此木棍的振盪可由一系列的簡諧函數來描述，數學上這樣的描述即為著名的「傅立葉分析」（Fourier analysis）：任何的周期性振盪均可分解為數個不同之簡諧函數（如：正弦、餘弦函數）間的組成。別擔心！在我們的討論中不會涉入此數學理論的實質分析。重點是，在左圖的狀況下（一端固定不動），木棍受敲擊後，分析發現此木棍振盪的最低頻率，又稱「基頻」（fundamental frequency），所對應的「基諧模式」（fundamental mode of oscillation），於（Fig.10-3）的左

中所表示，就像我們肉眼所見的跳水板之振盪一般，在此振盪模式中的唯一節點（node）就在固定端（註：節點為振盪過程中始終保持不動的位置）；接續地，次小之頻率，稱為「第一諧頻」（the first harmonic frequency），所對應之「第一簡諧模式」（first-harmonic mode）示於（Fig.10-3）的左下，此模式有兩個節點（一個在端點，一個在靠近木棍端頭處）。且在正常敲擊下，此「第一簡諧模式」的振盪幅度（振幅）會比「基諧模式」的振幅小。理論上，木棍的振盪除了此兩個模式之外，還會有第二（有三個節點）、第三（有四個節點）、…甚至更高的簡諧模式出現，但由於其所對應的振幅會依續遞減，因此對一根木棍的振盪，我們不見得可觀察到高階的簡諧模式出現。

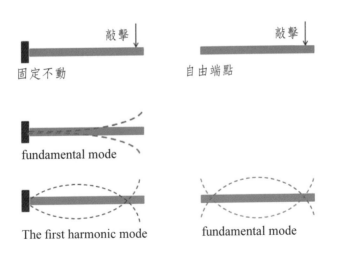

Fig.10-3　木棍一端固定或兩端固定，敲擊後的瞬間，會出現不同的振盪模式。

　　木棍振盪模式的特性還有一點必須指出：就以「第一簡諧模式」爲例，假若我們敲擊木棍的位置恰於節點處，則此木棍之「第一簡諧模式」在敲擊後並不會被激發出。如此的敲擊，我們僅能觀察到「基諧模式」的振盪頻率，若還有別的，也是「第二簡諧模式」以上的頻率。參見（Fig.10-4）。

　　至於（Fig.10-3）的右邊則是木棍兩端均不固定下的敲擊，此時的木棍可視爲一個自由物體（free body）。敲擊後發現其可出現的最低振盪頻率之模式，即「基諧模式」，擁有兩個節點。也就是說敲擊兩端均無固定的木棍，將不會出現僅有一個節點的振盪模式！這與一端固定下的敲擊有很大的不同。參見（Fig.10-5）。

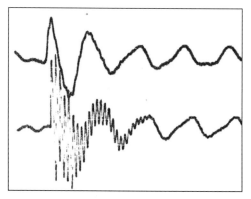

Fig.10-4　球棒握把端以鋼製固定夾栓緊，並貼上感應器。敲擊球棒後於示波器上觀察球棒的振盪情形。（下圖）敲擊棒頭處，觀察到有兩個周期不同（等同於頻率不同）的兩個振盪模式出現。（上圖）敲擊近棒頭端的「第一簡諧振盪模式」之節點，於是球棒的振盪僅出現「基諧模式」。

對敲擊木棍後的振盪模式有了此概念後，為解決Ted Williams與George Brett間的握棒爭議，我們便可敲擊以手握的球棒，看其振盪模式是比較接近同一球棒在「握把端固定」之振盪模式？還是「自由球棒」時之振盪模式？

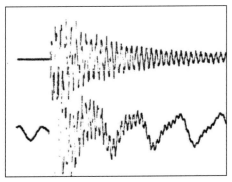

Fig.10-5　（上圖）球棒的兩端均不固定，使球棒呈現一自由物體的狀態。敲擊棒頭處，則僅出現一種頻率的振盪。其頻率大小約等於下圖之「第一諧頻」。（下圖）球棒握手端以鋼製固定夾栓緊，敲擊棒頭處，球棒的振盪可出現兩個振盪模式——「基諧模式」與「第一簡諧振盪模式」。

Williams是我見過的打擊者中，唯一握棒握得那麼緊，卻又能打得很好的選手。可是，雖然他握棒很緊，他身體其他的部位卻都是很鬆弛的。

—選手，Joe Collins

10.3 球棒遇見球後的振盪模式與球棒的「甜蜜點」

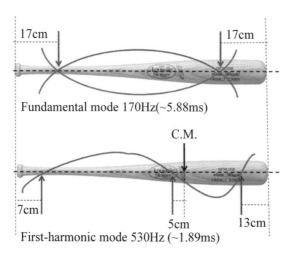

Fundamental mode 170Hz(~5.88ms)

C.M.

First-harmonic mode 530Hz (~1.89ms)

Fig.10-6　手握球棒，敲擊棒頭端後所出現的振盪模式。此圖乃根據 H.Brody, "Models of baseball bats", Am.J.Phys.58(8),756, 1990. 之實驗數據繪製。實際的數值會因球棒的不同而有所差異。

　　已有多位的學者針對球棒受撞擊後的振盪模式做過檢視，並發表於學術期刊。一致的結論是手握球棒下的振盪，其「基諧模式」擁有兩個節點，也就是說手握球棒下的振盪模式是比較接近「自由球棒」的模式。

　　在（Fig.10-6）中，手握球棒下的振盪基頻在170Hz左右（Hz：赫茲，頻率單位，為一秒內的振盪次數），其兩個節點分別在距離球棒兩端約17公分處；接續下來的「第一簡諧模

式」之頻率約為530Hz，此模式下的球棒會有三個節點，其位置如（Fig.10-6）中的下圖所示。再次提醒讀者的是，在一般的敲擊下「第一簡諧模式」之振幅大小會小於「基諧模式」的振幅大小許多。

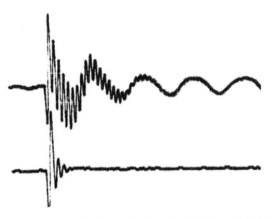

Fig.10-7　（上圖）球棒握手端以鋼製固定夾栓緊，敲擊棒頭處，球棒的振盪可出現兩個振盪模式——「基諧模式」與「第一簡諧振盪模式」。（下圖）敲擊手握的球棒，其振盪之最小頻率近似（上圖）之「第一諧頻」，而（上圖）之「基頻」並沒有出現在手握球棒的振盪中。

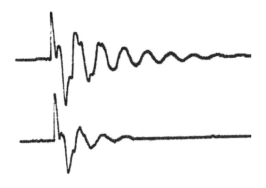

Fig.10-8　由於手會很快地讓球棒之振盪振幅遞減掉，因此為了能細看手握球棒下的振盪模式，我們必須將（Fig.10-7下圖）中振盪部分之刻度加大才行。（上圖）為輕握球棒下的振盪模式，（下圖）則為緊握球棒下的振盪模式。兩者之振盪頻率相近，但緊握球棒會讓球棒的振盪振幅更快速地遞減。

　　那對打擊本身來說，Ted Williams的緊握球棒與George Brett的鬆握球棒的差別在哪呢？一般認為對球擊出後的初速度並無差別，亦即對球的飛行距離並無影響。但緊握球棒可讓擊球後的球棒之振盪振幅較快速地遞減，這倒是不難理解，我們的手對球棒來說就是一個避振器，但何苦呢？

Fig.10-9　大聯盟中平均每天會有十來支的全壘打出現，但Todd Frazier
於2012年5月27日的這支全壘打太神奇了，大家於重播的慢
動作中發現他在擊中球的瞬間，雙手是沒有握棒的！那陣子
的熱門話題，電視也重播了好幾次，討論許久。但當你對球
棒擊球後的振盪模式有所了解後，也就不會覺得那麼神奇了，
一切現象是可被物理解釋的。

・球棒振盪與球棒之「甜蜜點」：

我們所常聽的球棒「甜蜜點」（sweet spot）到底在哪？我
們也已說過，在振盪的過程中「節點」是不動的。因此若擊球點
剛好是在節點處，則此節點所對應的振盪模式就不會被激發！就
以（Fig.10-6）來說，如果球是打在球棒振盪「基諧模式」之節
點處（約距棒頭17公分的地方），則此球棒的「基諧模式」就
不會被激發出現。雖然「第一簡諧模式」530Hz之振盪頻率有被
激發，但其振盪振幅並不大。如此打擊者打到球的霎那間，手的
感覺就不會太麻。

　　但要是擊球點遠離此節點處，就棒頭好了，不僅所有可以被激發的振盪模式都被激發出來，其振幅還不小。此時打擊者的手就會感到相當地麻痛！此外，讓球棒有較大的振盪出現，也表示擊球瞬間的能量轉移有較大的部分存留在球棒上，如此依總能量守恆的觀點來考量，此打擊出去的球是不會飛太遠的。這樣的解釋也貼近打擊者對「甜蜜點」的描述。所以，

> 球棒「基諧模式」靠近棒頭端的「節點」
> 會是球棒「甜蜜點」的可能位置！

　　這裡我們用「可能」位置，只是要強調球棒的「甜蜜點」並沒有一個很精確的定義。不同觀點下的「甜蜜點」定義，就會有不太相同的「甜蜜點」位置。舉例來說，如果我們定義「甜蜜點」為球棒上可讓球擊出後飛最遠的位置，即上一章中我們所探討的主題，我們會發現那位置並不在球棒的「基諧模式」之節點處。即便如此，針對一支相同的球棒來說，不同觀點下的「甜蜜點」位置，其確切位置的差別並不大，因此打擊者也無需對此感到煩惱，但就物理上的分析倒是有趣！對此「甜蜜點」的不同觀點，我們後面再說吧！

Fig.10-10 　轉播2012大聯盟季後賽的FOX公司設置了一台超慢動作攝
影機，為達超慢動作的效果，此台機器每秒可攝影5,000張
的畫面。如此即便對球棒以近530Hz振盪頻率的「第一簡諧
模式」，每一振盪周期也有近10張的拍攝畫面。這讓電視
機前的我們可清楚看見球棒擊球後瞬間的振盪。更值得觀
看注意的是，球是否有擊中球棒的甜蜜點，我們真的看見
了球棒振盪模式的大不同。

10.4 球棒與球的接觸時間

　　雖然我們都知道球棒與球的撞擊接觸只是一瞬間的事，但球
棒與球的接觸時間到底會有多快呢？這個問題也可藉由對球棒振
盪模式的檢測來獲得一個粗略之答案。

　　在（Fig.10-6）中，我們只繪出球棒振盪之「基諧模式」與
「第一簡諧模式」。自然地，我們會想問有沒有更高的振盪頻率

出現，即便振幅較小，但有沒有呢？經過實驗的檢測，倒是沒有發現明顯的振盪頻率是高於「第一簡諧模式」的530Hz！這結果透露出的訊息是：球棒與球間的接觸時間會大於「第二簡諧模式」振盪一次的時間！

為什麼會這樣的推論呢？彈過鋼琴的人都有經驗，對不同琴鍵按下相同的時間，低音（頻率較低的音階）可持續許久，但高音則只是叮一聲即停。而這鋼琴聲是可持久延續還是一聲即停，就得視你讓琴槌停留於琴弦上的時間長短，若停留的時間超過琴弦振盪一次的時間，則此弦就無法再振盪，也就聽不見聲音了。

所以對於球棒來說，若只能激發到「第一簡諧模式」：由於頻率（f）與周期（T）是互為倒數的關係，$T = 1/f$，因此530Hz的頻率相當於振盪一次約1.89ms（毫秒）的周期。也就是說，球與球棒接觸所停留的時間不會大過於1.89ms，大約就是一毫秒的數量級吧！

・球棒與球之間的撞擊力會有多大？

對球棒與球之間的接觸時間估算後，立即可讓我們推論的是──球棒與擊球之間的撞擊力有多大。雖然在前面的章節中我們已知道，球棒與球的撞擊過程中會有壓縮與恢復的階段，彼此之間的撞擊力也不會是一個定值，但其撞擊力之大小數量級還是可以用如下的方式給估算出來：根據對「力」的定義，「力」等於「質量」乘以「單位時間內的速度變化量」。之前我們也已估算過──投手所投出的球是以90mph（$\approx$40m/sec）的速度飛來，打擊者可把球以110mph（$\approx$49m/sec）的速度擊出。所以球棒對球的作用力約略為

$$F_{bat \to ball} = m_{ball} \times \frac{\Delta v}{\Delta t} \approx 0.145 \times \frac{49 - (-40)}{2 \times 10^{-3}} \approx 6.5 \times 10^3 \, \text{nt} \qquad （10.1）$$

同時根據牛頓的第三定律,球施與球棒的力大小也是如此,這數量級會遠大於擊球時打擊者施與球棒的力。也就是這個原因,在球棒與球的碰撞問題中,我們可把此兩者視爲一個不受外力作用下的獨立系統。

Fig.10-11　任何球棒只要敲擊就會有振盪的運動出現。好的打擊,把球打在振盪「基諧模式」的節點上,其打擊後的球棒振盪振幅就不會太大;但若打壞了,除了激發出「基諧模式」外,振盪之振幅也會很大,甚至大過木材結構所能承載的限度,於是就有斷棒的出現。

10.5 外野的防守

　　不少有經驗的外野手會指出：如果球被打出的聲響是輕脆的「crack！」一聲，外野手就應該開始往後跑；但如果是沉重的「clunk」，則應向前衝。可見外野手對球打的遠與近之判斷，除了看球上的視力判斷外，球棒擊球的聲響也是一個可用訊息！據研究指出外野手若只單靠視力來判斷飛球的軌跡，他大概得花上1.5秒的時間，而擊球聲響0.3秒左右就可達外野手的位置，對一位有經驗的外野手來說，這可是有莫大的幫助！

> 外野手的經驗：
>
> 　　輕脆的「crack！」—後退！
>
> 　　沉重的「clunk。」—前進！

　　這樣的經驗又如何去解釋呢？只要我們知道：我們所聽到的聲音是空氣分子振盪（頻率約在20～20,000Hz左右）所給出的效果，而這空氣分子的振盪則是物體對它的拍打所致。因此，打擊者若把球打在球棒的甜蜜點上，即「基諧模式」的節點上，除了球會飛得比較遠外，也由於此球棒只能被激發出約530Hz振盪頻率的「第一簡諧模式」，這振盪對空氣分子所做的拍打效果，就是讓我們聽見那聲「相對」輕脆的「crack」。

　　反之，沒打好，球沒有擊中甜蜜點，所激發出的球棒振盪模式可是其最低頻率的「基諧模式」。這顆不會飛太遠的飛球，所伴隨的是一聲沉重的「clunk」。

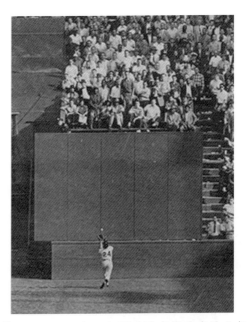

Fig.10-12　「The Catch！」一記漂亮防守所造成的士氣消長，往往會大過全壘打的攻勢！Willie Mays這球傳奇的接殺，想必所有的球迷對此畫面都百看不厭！1954年的世界大賽，第一場比賽的八局上，來訪的克里夫蘭印地安人隊這時有大好的機會來擺脫2：2的僵局，無人出局，一二壘有人，印地安人隊的Vic Wertz打了一支深遠的中外野高飛球，看來就是一支安打了，也很有可能是一支清壘的長打，頓時間紐約巨人隊的球迷隨著此球所飛出的軌跡陷入了焦慮的不安。但就在此球即將降落的最後一秒，Willie Mays的出現，像是與此飛球比賽一場百米的衝刺，最後一刻Mays連頭也不回地伸出他的手套，球也應聲落入。最後巨人隊贏了這場比賽，也贏了這年的最後榮耀——世界大賽的冠軍。

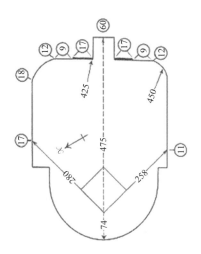

Fig.10-13　別誤認了「The Catch！」這球只是一支深遠的中外野飛球。當時仍在紐約的巨人隊，主場「Polo Grounds」可是有超乎我們想像的深遠全壘打牆，最遠的那個地帶有人說是483尺，也有人說是475尺，已是說不清楚的懸疑。至於Willie Mays的那球，據估計應是在420尺左右，在一般的球場上早已是一支全壘打！

10.6 再看球棒的「甜蜜點」──撞擊中心

讓我們再細看一下球棒甜蜜點的問題，就如前面我們視球棒甜蜜點的位置在球棒振盪「基諧模式」之節點處。這樣的定義還頗為合理，因為如此球打在甜蜜點上，握棒處會有較小的振盪出現。

但也讓我們考慮一下球撞擊球棒後，球棒本身會如何的運

動？因為撞擊的瞬間，球棒可視為一個自由的物體，此時我們也再度假設球棒為理想的剛體。所以根據（Fig.10-14）所示，球的撞擊會讓球棒整體向左出現一個直線加速運動，就如整個撞擊力是作用在球棒質心一般

$$F = M\frac{dv_{CM}}{dt} \qquad (10.2)$$

但也別忘了，球棒同時也會繞質心出現逆時針方向的加速旋轉，因為球棒被施與一個力矩

$$F \cdot b = I_{CM}\frac{d\omega}{dt} \qquad (10.3)$$

式中的b為球撞擊處距球棒質心的距離。

　　如此，球棒質心下方靠近握把的部位，同時會有向左的直線加速運動，以及向右的逆時針加速旋轉。兩種不同方式的運動加總起來，或許會有一個固定不動的點，也等於說可能會有一點受力為零。因為原先靜止的球棒，在撞擊過後若還有哪個部位是靜止，那這部位必然受力為零，不然就違反牛頓定律了。那假若打擊者的握棒處就在此點位置，那手就也不該受到力的作用。如此擊球的瞬間也就不會感到太大的刺痛感，這不也是符合球員對甜蜜點的描述嗎？

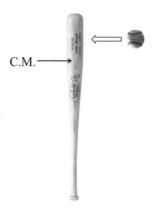

C.M.———→

Fig.10-14　當球打擊在球棒的棒頭與質心之間，我們可推測於碰撞的
　　　　　整個過程中，近球棒末端會有一點是靜止不動的點。這點
　　　　　受力為零！所以打擊時手若握在此處，也就不會有刺痛的
　　　　　感覺。

　　那就讓我們來尋找一下此點是否存在？若存在，又在哪
裡？如（Fig.10-15）所示，假設此點在球棒質心下方的 b' 處，
且與球的撞擊點分居於球棒質心的兩側。那此點的速度應為 $v = v_{C.M.} - b' \cdot \omega$，若將等號兩邊同時對時間微分

$$\frac{dv}{dt} = \frac{dv_{CM}}{dt} - b' \cdot \frac{d\omega}{dt} = \left(\frac{1}{M} - \frac{b \cdot b'}{I_{CM}} \right) \cdot F \qquad (10.4)$$

式中我們有利用到（10.2）式與（10.3）式的結果。又因為球棒
一開始為靜止的，所以在擊球瞬間的任一時刻，這點的速度就可
寫成

$$v = \left(\frac{1}{M} - \frac{b \cdot b'}{I_{CM}} \right) \cdot \int F dt \tag{10.5}$$

此時間積分是由撞擊開始到我們所要看的時刻。所以當括弧內的值爲零時，此點在撞擊過程中的速度均可保持爲零，此點所受的力當然也是爲零！由於打擊時握棒處是由打擊者決定的，即 b' 的大小是由打擊者決定，如此當球打在

$$b = \frac{I_{CM}}{M \cdot b'} \tag{10.6}$$

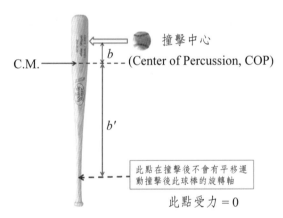

C.M. ⟶

撞擊中心
(Center of Percussion, COP)

b

b'

此點在撞擊後不會有平移運動撞擊後此球棒的旋轉軸

此點受力 ＝ 0

Fig.10-15　撞擊球棒時，分別位於球棒質心兩側的 b 與 b' 互爲對方的撞擊中心。敲擊一點，則在另一點的受力爲零。

打擊者的握棒處區域受力將會最小，多少還是會受到力的作用，不爲零，是因爲打擊者的握棒不會僅在一點上。我們便稱擊球點爲握棒處所包含的 b' 點之「撞擊中心」（Center of Percussion，

COP）。自然地，此點亦是球棒甜蜜點的可能位置！

10.7 何處是球棒的「甜蜜點」？

何處是球棒的甜蜜點？

在本章中，我們有兩個選擇：

一個是球棒的振盪節點；另一個則是球棒的撞擊中心。

但無論是哪一個，均是以打擊者的感受來定義這球棒甜蜜點：

擊球的瞬間手不會感到震痛，那個擊球點就是球棒的甜蜜點。

可是，球打在這兩點的任一點上會飛得最遠嗎？

未必是！在上一章中我們已提到，

球擊在球棒上的不同位置，擊出的球也會有不同的速度。

因此也有人覺得球棒的甜蜜點應該定義在──

球棒可讓球擊出最快速度的位置。

畢竟是這個位置讓球飛的最遠！也有道理，不是嗎？

但它的確切位置會在球棒的哪裡？

我們就得去檢視球棒上每一點的反彈率q，

然而這每一點的反彈率又與球的撞擊速度有關。

一個難處的解決會牽引出另一個難處的浮現，

棒球的物理學，絕非僅是小孩子好奇的發問而已，

它也可以是一個高深莫測的物理議題。

真實世界本就是複雜且困難的，但這不也是科學迷人的地方

嗎？

至於打擊者該如何去看待球棒甜蜜點的爭議呢？

也別想那麼多了。

陳金鋒不是告訴大家「球來就打」，也對！

Fig.10-16　陳金鋒於2002年9月14日首次登上大聯盟，首打席獲得保
送，還回本壘得分。也成為台灣第一位踏上大聯盟比賽的
選手。

　　有次我與Ted Williams談論棒球的打擊要領，事後我想了
許多他說的打法，結果使我之後的連續25次上場都打不出安
打。

　　　　　　　　　　　　　　—前洋基隊的明星選手，Mickey Mantle

10.8 彈簧墊效應

　　小時候看棒球所認知的球棒就是鋁棒，從少棒到成棒均是如此，也因為美國大聯盟不太理會外界的棒球世界，即便是世界盃或是洲際杯的棒球賽也不例外，美國隊總是以他們的大學聯隊參賽，鋁棒的使用也一直是天經地義的事。但自從棒球於1984年的美國洛杉磯奧運會中以表演賽的身分首次登場，大聯盟才逐步地涉入世界的棒壇，大聯盟選手也開始去參加國際間的棒球賽事。這對棒球的國際化，當然是件好事，但就如同世間的其它事務，強權也在全球化的羽翼下，對弱小的一方產生不小的衝擊，大聯盟中的一些習慣規則也開始進入了國際賽事，其中最明顯的影響莫過於木棒的普遍使用。

　　大聯盟是禁止使用「非木棒」的！為什麼呢？一般所認為的是基於安全上的理由，「非木棒」的使用（我們就以鋁棒來代表）確實可讓所擊出去的球飛的更快，設想要是遇見大聯盟的那些大塊頭，想必所擊出去的平飛球（line drive）必定是快速無比，這對內野手來說，除了防守上的困難外，還充滿了「生命安全」上的威脅。不幸的案例也真的發生過，這讓大聯盟對「非木棒」的禁止使用似乎還挺有共識的。

　　那為什麼鋁棒會有這麼好的擊球效果呢？簡單講就是「彈簧墊效應」（trampoline effect）。之前我們也曾經提及棒球的球速並非是最快的球種，網球的發球就比打擊出去的棒球還要快，可高達130mph（≈208km/hr）！網球選手如何可發出這麼快的球？除了網球本身的反彈能力就是比棒球好很多外，最大的原因

還是在網球拍上。網球拍上擊球的面是由網球線（尼龍線、羊腸線等）所構成的網狀平面，這些網球線本身就極富彈性，也讓這個擊球面成了一個彈簧墊，下面我們就來說明這「彈簧墊效應」的主要原理。

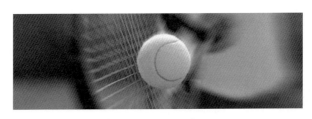

Fig.10-17　網球拍因擊球面的「彈簧墊效應」而使網球的球速可達時速兩百公里以上。

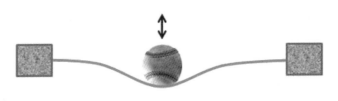

Fig.10-18　「彈簧墊效應」示意圖。

· 簡單的彈簧墊效應

在對棒球彈性的介紹中，我們對棒球反彈能力的測量是讓棒球於高處自由落下以撞擊「堅硬」的地板，再去看其反彈的狀態。我們也細看了這整個反彈過程中，棒球會因撞擊而產生短暫的形變，所以就棒球所擁有的能量來說，棒球是由撞擊前的動能轉變成形變階段的彈性位能，最後再由這些彈性位能釋放出棒球

反彈後所具有的動能。至於棒球的反彈能力為何如此之差，其原因就在於這能量的轉換過程中，有太多的能量被棒球內部的構造組成給消耗掉。有將近70%的能量在反彈的過程中消耗掉，這也難怪棒球的反彈能力如此之差。

那假如棒球於高處落下，去撞擊的不是「堅硬」的地板，而是富有彈性的彈簧墊呢？肯定是會反彈的比較高，但為什麼呢？

首先，讓我們假定棒球與彈簧墊的「彈性常數」分別為 k_1 與 k_2，因撞擊所受到的力約略可由虎克定律來描述，$F = k \cdot x$，式中的 x 為物體的形變量；且牛頓的第三定律，作用力與反作用力的大小會一樣，也就等同告訴了我們在撞擊過程中，棒球與彈簧墊的形變量比例會反比於彈性常數的比例，即 $x_1/x_2 = k_2/k_1$。而兩者形變過程中所儲存起的彈性位能比例為

$$\frac{U_1}{U_2} = \frac{k_1 \cdot x_1^2/2}{k_2 \cdot x_2^2/2} = \frac{k_2}{k_1} \qquad (10.7)$$

如果棒球在即將撞擊到彈簧墊前的動能為 E_1，由於撞擊會將此動量轉變成彈性位能，在最大形變的霎那間，假若能量沒有因為摩擦等因素而被消耗掉，能量守恆告訴我們 $E_1 = U_1 + U_2$，再由（10.7）式的分配比例可知

$$U_1 = \frac{k_2}{k_1 + k_2} \cdot E_1 \; ; \; U_2 = \frac{k_1}{k_1 + k_2} \cdot E_1 \qquad (10.8)$$

當然這些彈性位能是沒有辦法完全再度轉換成動能，能量會在撞

擊形變的過程中以各種方法把能量消耗掉，我們也知道棒球會有70%的能量在反彈的過程中消耗掉，而彈簧墊即便有好的彈性，也無可避免地會損失一些能量，就說消耗掉5%好了。那反彈後可再釋放出，而成為動能的有

$$E_2 = (1-0.7) \times \frac{k_2}{k_1+k_2} \cdot E_1 + (1-0.05) \times \frac{k_1}{k_1+k_2} \cdot E_1 \qquad （10.9）$$

$$= \frac{0.3 \times k_2 + 0.95 \times k_1}{k_1+k_2} \cdot E_1$$

又此彈簧墊為固定在一定位置上，則此動能就單純是棒球反彈後的動能。我們也根據（10.9）式的結果繪製（Fig.10-19），圖中顯示彈簧墊的確大幅增加了棒球的反彈能力。

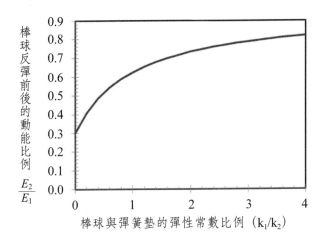

Fig.10-19　棒球原先對堅硬地板撞擊反彈後的能量僅剩原先的30%；但改為彈簧墊後，反彈能力大幅增加。

• 鋁棒

　　真實鋁棒也是因為此「彈簧墊效應」而讓它的擊球效果強出木棒許多，當然真實的鋁棒對棒球可擊出去的速度，所涉及的問題會比上述的簡單模型複雜許多。誠如一塊木頭把它做成球棒後，這球棒就出現了許多獨特的性質。鋁棒也是如此，鋁棒顧名思義是以「鋁」製成的球棒，但特別的是它有個中空的棒身，否則它會太重而無法揮動。而這中空棒身遭到棒球撞擊後，除了有一般木棒打擊後所會出現的振盪模式外，更主要的還會有看似圓筒縮放的振盪方式，這可造成鋁棒擊球後所發出的特殊聲響。需強調的是此額外的振盪模式並非我們所說的「彈簧墊效應」，即便我們是可由所發出的聲音大小，來判斷鋁棒因形變所暫存的彈性位能可有多少能釋回給棒球，不過也只是概括地定性判斷而已。大的聲響代表還有許多能量存留在球棒中，因此釋回給棒球的能量就相對地變小，畢竟總能量是守衡的。

　　那鋁棒的「彈簧墊效應」出現在哪？就在擊球點的那個區域！至於這局部區域的「彈簧墊」之彈性常數會是多少？則需看我們所使用的鋁合金為何，以及構成這支中空棒身的鋁合金厚度，都與這彈性常數有密切的關係。除此之外，當然還有許多的細節會影響到這支鋁棒的「好壞」。

　　看來鋁棒的「好」，反是讓鋁棒遭到大聯盟所禁用的原因，對內野手太危險了。不過同樣的問題也會存在各層級的棒球賽

中，甚至在2007年的紐約市還通過了一項法令以禁止高中棒球賽事對鋁棒的使用，這當然也是一項引起爭議的法令。木棒的使用除了昂貴外（一般非職業球隊可能無法負擔），木棒的製造也對生態環境造成些許的衝擊，想想要砍掉多少的林區才可供應木棒的需求量。較可行的辦法是對所有的「非」木棒制定出規格標準，這也是現實美國大學聯盟（NCAA）的做法，針對「球棒與球間的反彈係數」（BBCOR）定出可行規範，2011年所制度的新標準規定此反彈係數需在0.48～0.50之間，這也等同於要求球棒製造商得把鋁棒原先所該有的「彈簧墊效應」降至最小。

大聯盟會跟進嗎？看來是不會，至少短期內不會，也沒聽說過有這樣的跟進聲音出現。再說，棒球是熱愛傳統的價值！棒球迷會告訴你——春天的第一聲響是來自於球棒與球的接觸，我們怎能剝奪掉這象徵一年之始的初春聲響。或許你會覺得這樣的理由站不住腳，但想想大聯盟選手的薪水，是該給他們一根比較難以掌握的球棒，打木棒會需要比較多的技巧，需要更精準的擊球點。為了能真的辨別出好壞球員，就讓職業球隊繼續打木棒吧！

🧢 10.9 加料球棒

1998年，與Mark McGwire共同救起大聯盟困境的Sammy Sosa，這下子糗了！2003年6月3日這天，Sammy Sosa的第一次打擊就是斷棒，有些選手會認為這是一個壞的徵兆，我們若事後來看這件事，這斷棒對Sosa來說還真的是他職業生涯厄運的開

始，即便是他自找的。這個斷棒讓裁判當場逮到他使用改造過的非法球棒，百口莫辯的Sosa只好認了，雖辯稱他只有在打擊練習中偶爾使用這樣的棒子，至於這支，他也不知道爲什麼會在這裡出現。大聯盟官方也愼重地立即查封檢視Sosa其他所有的76支球棒，外加5支他之前送給棒球名人堂的球棒，所有的棒子都過關，合法的。但不管怎麼說「非法球棒」現今與Sosa的名字好像就是分不開的相關字，甚至讓球迷們懷疑起他之前打出的所有全壘打。這年的季後賽，Sosa所屬的芝加哥小熊隊承受了一個著名的厄運——「巴特曼事件」。隔年，在與記者的閒聊當中打了一個大噴涕，扭傷背部，也讓Sosa進入傷兵名單，歸隊後又陷入了生涯的大低潮。球季結束後，待了12年的老東家卻看似著急地想把這位已替球隊打出545支全壘打的明星Sosa送走，不歡而散。到了新東家也只打一年球，就失業一年，後來又以小聯盟的合約再打一年的球，也是Sosa生涯最後的一個球季。這期間或許能讓Sosa感到開心的，大概是從老東家小熊隊的手中擊出他生涯的第六百支全壘打，也是Sosa生涯面對小熊隊唯一的一支全壘打，而這位被打全壘打的苦主投手之球衣背號居然正好是過去Sosa所穿的21號，是巧合？或可「有趣」地視爲是小熊隊的另一個新詛咒。Sosa生涯總計打了609支全壘打，在大聯盟的歷史中排名第五。

就如同投手想在球上刮上幾刀，或抹上一點凡士林，好讓投球的曲度可大一點。打擊者也想要在自己的棒子上動一點手腳，看能不能讓球飛遠一點。或許是鋁棒的「彈簧墊效應」太有名了，常見的非法球棒是把擊球區附近的棒身挖出一個空槽，再填

Fig.10-20　説也奇怪，凡是與貝比魯斯的單季60支全壘打舊紀錄沾上邊的選手都有奇怪的下場。從Roger Maris、Sammy Sosa與Mark McGwire、到Barry Bonds，看來貝比魯斯的幽魂對此記錄的被打破是在意的。

進軟木塞，也因此人們常稱此非法球棒為「加料木棒」（corked bat），Sosa被抓到的那一支非法球棒就是這款。

「加料木棒」（corked bat）有用嗎？的確有不少的球員會認為加料的棒子可把球打的更遠，也因此曾經被抓過的打擊者幾乎都是像Sosa這類型的大砲選手。而在回答「加料木棒」是否有用前，我們不妨先分析一下這「加料木棒」的可能效應。

「彈簧墊效應」？雖然在棒身挖了一個空槽，看似要去模擬鋁棒的中空棒身。但別忘了，鋁棒之「彈簧墊效應」的出現並不在於其中空的棒身，而是擊球點區域的「鋁」質彈簧墊，即「鋁」本身的彈性所造成的效應。而木棒本身的材質彈性遠不如

「鋁」，也因此我們推測──想藉由挖空棒身來增加木棒之「彈簧墊效應」的效果不會大！

　　除此之外，「加料木棒」比較輕，質心也更接近手握球棒的地方，也就是說質心會更接近旋轉軸，如此「加料木棒」的轉動慣量就會比較小，揮棒速度也因此可變快，這也間接增加了球被擊出的速度，所以對球飛行的距離的確是有正面的幫助。但別忘了，在擊球區域挖空再換上軟木塞，可是會減少擊球點位置的有效質量，而使擊球的效果變差，球也就飛得比較近。也因此「加料木棒」對球的飛行距離是否有幫助，就得看這兩個正反得失的效應，誰的影響比較大來決定。

　　包含伊利諾大學Alan M. Nathan在內的研究團隊，對此「加料木棒」也有過實驗上的調查，其結果除了證實「彈簧墊效應」不存在外，還給了Sosa一個很不願意看到的結論：「加料木棒」不會讓球飛得更遠，反而是近了些！

10.10 Ted Williams的最後一擊

生涯成績
AVG0.344 H2564 RBI1839 HR521 R 1798 BB 2021 SO 709

打擊王1941-42, 1947-48, 1957-58
全壘打王1941-42, 1947, 1949
三冠王1942, 1947
A.L.MVP 1946, 1949

Fig.10-21　位居紐約庫伯鎮（Cooperstown）的棒球名人堂，有一展出
是Ted於他的好球帶內各位置之打擊率，數字上即便還是有
高低，但各位置的打擊率若與一般打擊者相比，幾乎沒有
哪個角落是Ted的打擊死角。

　　本章的一開始，我們提到了Ted Williams於1941年球季的
「.406」。這打擊率除了仍是距今最後一次超過四成的打擊率之
外，讓人特別去懷念的還有他的打法，他絕不是那種僅求安打就
已滿足的打者，除了安打，打擊這工作還得打的漂亮與高貴，全
力的揮出每一棒就是Ted對自己的打擊要求。我們就來看他這年
「.406」的背後所包含的成績：37支全壘打、33支二壘安打、3
支三壘安打、120分的打點、自己也跑進了135分的得分數。Ted

的攻擊火力絕對是一支大棒子，一支可精準選球的大棒子，在這年他被保送了147次，卻僅僅只被三振27次！這年，一位傳奇人物的開始。

到了1960年的球季尾聲，已四十二歲的Ted要退休了，那最後一擊的全壘打，讓得獎無數的美國著名作家John Updike（約翰‧厄普代克）在他的短篇小說《球迷向小子的珍重道別》（Hub Fans Bid Kid Adieu）如此的描述：

就像被漩渦所困住的羽毛一般，Williams就在我們懇求的叫聲中央繞著壘包，一如他所慣有的全壘打跑壘方式，快速、面無笑容、低頭，就把我們的喝采當做是一場急欲躲開的暴風雨。他沒有脫帽致意，即便我們鼓譟、哭喊、歡唱。在他繞了一圈回來走進休息室後的幾分鐘，我們不斷地嘶喊著「我們要Ted」，他仍是沒有回來。我們的喧鬧也由原先的興奮轉變成一種公開的凝重苦悶、哀求，與該受到救贖的哭泣。但不朽是無法被轉移的。據報導指出，場上其他的球員，即便是裁判都來拜託他，請他出來亮個相，或以什麼樣的方式向觀眾致意一下，但他拒絕了。上帝是不寫回信的。

Fig.10-22　在Ted Williams的選手年間，值得一提的是Ted曾在第二次世界大戰與韓戰中分別接到徵召，打仗去了，還真的開過戰機，前前後後近五年的時光。假若Ted在這些年間都待在大聯盟中，當今或許有許多的打擊紀錄會屬於他的。

尚未結束的結尾

　　林林總總地，我們藉由棒球場上的議題也已帶領讀者看了不少的物理。從棒球的飛行到投手的球種，也從球棒的特性到打擊的瞬間撞擊，每一個地方都藏有物理分析的空間。誰說學習物理會很抽象，我們的生活周遭無處沒有學習物理的切入點。我熱愛棒球，如此我的周遭也聚集了不少愛好棒球的人，有大人有小孩，這些人當中很多人不怎樣喜歡物理，更不會問我物理的一絲一毫。但每當我無意地跟他們說一點棒球場上的物理解釋，看他們眼中所流露出的新鮮感與「崇拜」眼神，哈哈！我會再加碼給他們上一堂物理課程，效果還不錯呢！

　　當然了，在這本棒球物理學中，還有太多的空缺可以補上，可以更深入的探討。但這本書的用意也只是去開個頭，提供讀者另一個看棒球的角度，相信任何愛好棒球的人，都可從自己的觀球經驗中發現該補上的空缺，若再搭配起本書所一再使用的物理思考模式，任何人都可開始自己的棒球研究！那就太好了！

期刊縮寫Am.J.Phys = American Journal of Physics; Phys.Teacher = Physics Teacher

圖片出處

第一章　球迷間的傳聞

Fig.1-1取自http://www.chicago-cubs-fan.com/

Fig.1-2取自R.G.Watts and A.T.Bahill,《Keep Your Eye o
zn the Ball》,2000。

Fig.1-3取自Frank L.Verwiebe, "Does a Baseball Curve?",
Am.J.Phys.10(4), 1942, p.119-120.

Fig.1-4取自http://www.theguardian.com/

第二章　力學初探

Fig.2-1自製

Fig.2-2自製

Fig.2-3自製

Fig.2-4自製

Fig.2-5自製

Fig.2-6自製

Fig.2-7自製

Fig.2-8自製

Fig.2-9取自http://bleacherreport.com/

Fig.2-10取自http://www.autographedbaseballphotos.com/

Fig.2-11取自wikipedia

Fig.2-12取自http://ffden-2.phys.uaf.edu/

Fig.2-13自製

Fig.2-14自製

Fig.2-15取自http://www.baseball-almanac.com/

Fig.2-16取自http://galileo.rice.edu/

Fig.2-17取自http://golfinstructiontipsfree.com/

Fig.2-18取自http://golfinstructiontipsfree.com/

Fig.2-19自製

Fig.2-20自製

Fig.2-21取自John D. Fix，《Astronomy》

第三章　作用於棒球上的力

Fig.3-1自製

Fig.3-2自製

Fig.3-3自製

Fig.3-4自製

Fig.3-5自製

Fig.3-6人物影像取自wikipedia

Fig.3-7自製

Fig.3-8自製

Fig.3-9取自wikipedia

Fig.3-10取自R.G.Watts and A.T.Bahill，《Keep Your Eye on the Ball》，2000。

Fig.3-11取自R.P. Feynman, R.B. Leighton and M. Sands，《The Feynman Lectures on Physics, Vol.2》

Fig.3-12取自Lyman J. Briggs, "Effect of Spin and Speed on the Lateral Deflection (Curve) of a Baseball; and the Magnus effect for Smooth Spheres", Am.J.Phys.27, 1959, p.589-596.

Fig.3-13取自Louis A. Bloomfield，《How Things Work》

Fig.3-14此圖為Jim Pallis所拍攝，取自Materials and Science in Sports, 2001,p186

Fig.3-15自製

Fig.3-16自製

Fig.3-17自製

Fig.3-18取自wikipedia

Fig.3-19取自《Fluid Mechanics》by L.D.Landau and E.M.Lifshitz.

Fig.3-20取自P.W. Bearman and J.K. Harvey, "Golf Ball Aerodynamics", Aeronaut. Q.27, 1976, p. 112-122

Fig.3-21取自R.G.Watts and A.T.Bahill，《Keep Your Eye on the Ball》，2000。

Fig.3-22參照A.M. Nathan, "The effect of spin on the flight of a baseball", Am.J.Phys.76(2), 2008, p119中的數據繪製

Fig.3-23自製

第四章　棒球的飛行

Fig.4-1取自wikipedia
Fig.4-2取自R.G.Watts and A.T.Bahill，《Keep Your Eye on the Ball》，2000。
Fig.4-3自製
Fig.4-4自製
Fig.4-5自製
Fig.4-6自製
Fig.4-7自製
Fig.4-8自製
Fig.4-9自製
Fig.4-10自製
Fig.4-11自製
Fig.4-12自製
Fig.4-13自製
Fig.4-14自製
Fig.4-15自製
Fig.4-16自製
Fig.4-17自製
Fig.4-18自製
Fig.4-19自製
Fig.4-20自製
Fig.4-21自製
Fig.4-22自製
Fig.4-23自製

Fig.4-24取自http://www.pophistorydig.com/

Fig.4-25取自http://www.thinkbluela.com/

第五章　投手的技倆

Fig.5-1取自http://www.grandstandsports.com/

Fig.5-2取自Nolan Ryan and Tom House，《諾蘭‧萊恩-投手聖經》，麥田出版社

Fig.5-3 《諾蘭‧萊恩-投手聖經》，麥田出版社

Fig.5-4自製

Fig.5-5取自David Nemec，《The Official Rules of Baseball: An Anecdotal Look at the Rules of Baseball & How They Came To Be》

Fig.5-6自製

Fig.5-7取自http://www.fantasyondeck.com/

Fig.5-8取自E.Achenbach, "Drag forces on non-spinning sphere", J. Fluid Mechanics, Vol 65, 1977

Fig.5-9參照A.M. Nathan, "The effect of spin on the flight of a baseball", Am.J.Phys.76(2), 2008, p119中的數據繪製

Fig.5-10自製

Fig.5-11取自http://www.autographedbaseballphotos.com/

Fig.5-12取自http://mlb.mlb.com/

Fig.5-13取自http://www.autographedbaseballphotos.com/

Fig.5-14取自http://2guystalkingmetsbaseball.com/

Fig.5-15取自http://sportsthenandnow.com/

Fig.5-16取自http://espn.go.com/

Fig.5-17取自wikipedia

Fig.5-18《不死的蝴蝶》，商周出版+http://mlb.mlb.com/

Fig.5-19自製

Fig.5-20自製

Fig.5-21自製

Fig.5-22自製

Fig.5-23取自http://mlb.mlb.com/

Fig.5-24取自Andre Gueziec, "Tracking a Baseball Pitch for Broadcast television", Computer March 2002, p38

Fig.5-25自製

Fig.5-26取自http://mlb.mlb.com/

Fig.5-27自製

Fig.5-28取自http://mlb.mlb.com/

Fig.5-29自製

Fig.5-30自製

Fig.5-31自製

Fig.5-32自製

Fig.5-33取自http://blog.roodo.com/

Fig.5-34自製

Fig.5-35取自http://mlb.mlb.com/

Fig.5-36取自http://mlb.mlb.com/

Fig.5-37自製

Fig.5-38自製

Fig.5-39自製

Fig.5-40取自A.M. Nathan, "Analysis of knuckleball", an article published in the proceedings of the 9th Engineering of Sport Conference, July 9-13, 2012, in Lowell MA.

Fig.5-41取自A.M. Nathan, "Analysis of knuckleball", an article published in the proceedings of the 9th Engineering of Sport Conference, July 9-13, 2012, in Lowell MA.

Fig.5-42取自http://www.findingdulcinea.com/

Fig.5-43取自http://sabr.org/

第六章　球來就打⋯⋯變化球怎麼打

Fig.6-1《隊友情深》，遠流出版

Fig.6-2自製

Fig.6-3自製

Fig.6-4取自http://mlb.mlb.com/

Fig.6-5取自A. Terry Bahill, David G. Baldwin and Jayendran venkateswaran, "Predicting a Baseball's Path", American Scientist 93, 2005, p218

Fig.6-6取自A. Terry Bahill, David G. Baldwin and Jayendran venkateswaran, "Predicting a Baseball's Path", American Scientist 93, 2005, p218

Fig.6-7取自A. Terry Bahill, David G. Baldwin and Jayendran venkateswaran, "Predicting a Baseball's Path", American Scientist 93, 2005, p218

Fig.6-8取自http://espn.go.com/

第七章　棒球的特性

Fig.7-1取自http://baseballhistoryblog.com

Fig.7-2取自http://dailyapple.blogspot.tw/

Fig.7-3取自science.discovery.com

Fig.7-4自製

Fig.7-5自製

Fig.7-6取自Rod Cross，《Physics of Baseball and Softball》，2011。

Fig.7-7自製

Fig.7-8取自http://www.citycollegiate.com/

Fig.7-9取自wikipedia

Fig.7-10取自UMass. Lowell Baseball Research Center

Fig.7-11自製

Fig.7-12自製

Fig.7-13自製

Fig.7-14取自Rod Cross，《Physics of Baseball and Softball》，2011。

Fig.7-15取自Rod Cross，《Physics of Baseball and Softball》，2011。

Fig.7-16取自A.M. Nathan、Lloyd V. Smith, Warren L. Faber、and Daniel A. Russell , "Corked bat, juiced balls, and humidors: The physics of cheating in baseball", Am.J.Phys.79(6), 2011. p.575-580。

Fig.7-17取自http://mlb.mlb.com/

Fig.7-18取自http://carnageandculture.blogspot.tw/

第八章　球棒的特性

Fig.8-1取自http://www.oregontrailcenter.org/

Fig.8-2取自http://www.19cbaseball.com/

Fig.8-3取自Louisville Slugger Museum & Factory

Fig.8-4取自http://blogs.suntimes.com/

Fig.8-5取自http://jmck11.pbworks.com/

Fig.8-6取自http://johnsbigleaguebaseballblog.blogspot.tw/

Fig.8-7取自http://blog.oregonlive.com/

Fig.8-8取自http://www.hq4sports.com/

Fig.8-9自製

Fig.8-10自製

Fig.8-11取自http://www.ozziesmith.com/

Fig.8-12自製

Fig.8-13自製

Fig.8-14取自Dan Russell, "Swing Weight of Baseball and Softball Bats", Phys.Teacher 48(10), 2010, p471

Fig.8-15自製

Fig.8-16取自Richard Wolfson，《Essential University physics》Vol.1, 2rd edition, 2012。

Fig.8-17自製

Fig.8-18取自http://bats.blogs.nytimes.com/

Fig.8-19取自wikkipedia

Fig.8-20自製

Fig.8-21取自http://www.phys.unt.edu/

Fig.8-22取自Dan Russell, "Swing Weight of Baseball and Softball Bats", Phys.Teacher 48(10), 2010, p471

Fig.8-23取自Dan Russell, "Swing Weight of Baseball and Softball Bats", Phys.Teacher 48(10), 2010, p471

Fig.8-24取自Rod Cross，《Physics of Baseball and Softball》，2011。

Fig.8-25取自http://sportsillustrated.cnn.com/

第九章　打擊出去

Fig.9-1取自http://pillavilla.com/

Fig.9-2自製

Fig.9-3取自http://en.wikipedia.org/

Fig.9-4自製

Fig.9-5自製

Fig.9-6自製

Fig.9-7取自Rod Cross，《Physics of Baseball and Softball》，2011。

Fig.9-8取自http://www.sfgate.com/

Fig.9-9自製

Fig.9-10自製

Fig.9-11自製

第十章　細看球棒遇見球

Fig.10-1影像取自http://server1.lomaprieta.santacruz.k12.

ca.us/，圖表自製

Fig.10-2取自http://www.barewalls.com與http://www.realclearspot.coom

Fig.10-3自製

Fig.10-4取自H.Brody，"Models of baseball bats"，Am.J.Phys. Vol.58(8), 1990, p.756

Fig.10-5取自H.Brody，"Models of baseball bats"，Am.J.Phys. Vol.58(8), 1990, p.756

Fig.10-6自製

Fig.10-7取自H.Brody，"Models of baseball bats"，Am.J.Phys. Vol.58(8), 1990, p.756

Fig.10-8取自H.Brody，"Models of baseball bats"，Am.J.Phys. Vol.58(8), 1990, p.756

Fig.10-9取自http://mlb.mlb.com/

Fig.10-10取自sportsnetworker.com

Fig.10-11取自sportsnetworker.com

Fig.10-12取自wikipedia.com

Fig.10-13取自wikipedia.com

Fig.10-14自製

Fig.10-15自製

Fig.10-16取自http://tauruzhuo12.pixnet.net/blog

Fig.10-17取自http://clubcorp.com

Fig.10-18自製

Fig.10-19自製

Fig.10-20取自http://www.cbsnews.com/

Fig.10-21取自http://www.1960sbaseball.com/

Fig.10-22取自http://www.americanheritage1.com/

參考資料

• 棒球物理學專書

Robert K. Adair, 《The Physics of Baseball》, 3rd edition, HarperCollins, 2002.

Robert G. Watts and A. Terry Bahill, 《Keep Your Eye On The Ball》, Revised and Updated, Freeman, 2000.

Rod Cross, 《Physics of Baseball & Softball》, Springer, 2011.

• 與各章議題相關之參考論文與書籍

第一章　球迷間的傳聞

1. Frank L. Verwiebe, "Does a Baseball Curve?", Am.J.Phys.10(4), p.119, 1942.

第二章　力學初探

1. Robert J. Whitaker, "Aristotle is not Dead：Student Understanding of Trajectory Motion", Am.J.Phys.51(4), p.352, 1983.

2. Andre Heck and Ton Elbermeijer, "Giving Students the Run

of Sprinting Models", Am.J.Phys.77(11), p.1028, 2009.

3. O. Helena and M.T. Yamashita, "The Force, Power, and Energy of the 100 Meter Sprint", Am.J.Phys.78(3), p.307, 2010.

4. David Kagan, "Stolen Base Physics", The Physics Teacher, Vol.51(May), p.269, 2013.

第三章　作用於飛行棒球上的力

1. Lyman J. Briggs, "Effect of Spin and Speed on the lateral deflection (Curve) of a Baseball; and the Magnus Effect for Smooth Sphere ", Am.J.Phys.27,p. 589, 1959.

2. P.W. Bearman and J.K. Harvey, ''Golf Ball Aerodynamics", Aeronaut. Q.27, p. 112, 1976.

3. C. Frohlich, "Aerodynamics Drag Crisis and Its Possible Effect on the Flight of Baseball", Am.J.Phys.52(4), p. 325, 1984.

4. J.M. Pallis and R.D. Metha, "Aerodynamics and Hydrodynamics in Sports", The Engineering of Sport, 2002.

5. John D. Anderson Jr., "Ludwig Prandtl's Boundary Layer", Phys. Today, P.42, 2005(12).

6. A.M. Nathan, "The Effect of Spin on the Flight of a Baseball", Am.J.Phys.76(2), p.119, 2008.

7. R.P. Feynman, R.B. Leighton, and M. Sands, 《The Feynman Lectures on Physics, Vol.2》Chap.41.

8. L.D. Landau and E.M. Lifshitz, 《Fluid Mechanics》, 2rd

Edition, Pergampn Press, 1987.

9. Louis A. Bloomfield,《How Things Work−The Physics of Everyday Life》, 2rd Edition, John Wiley & Sons, 2001.

第四章　棒球的飛行

1. A.M. Nathan, "The Effect of Spin on the Flight of a Baseball", Am.J.Phys.76(2), p.119, 2008.

2. M.K. McBeath, A.M. Nathan, A. Terry Bahill, and David G. Baldwin, "Paradoxical Pop-Ups: Why Are They Difficult to Catch？", Am.J.Phys.76(8), p.723, 2008.

3. A. Terry Bahill, David G. Baldwin, and John S. Ramberg, "Effects of Altitude and Atmospheric Conditions on the Flight of a Baseball", Int . J. Sport Science and Engineering Vol.3, P.109, 2009.

第五章　投手的技倆

1. Robert G. Watts and Eric Sawyer, "Aerodynamics of a Knuckleball", Am.J.Phys.43(11),p. 960, 1975.

2. E.Achenbach, "Drag Forces on Non-Spinning Sphere", J.Fluid Mechanics Vol. 65, 1977.

3. Jim kaat, "The Mechanics of a Breaking Pitch", Popular mechanics, April 1997.

4. Andre Gueziec, "Tracking a Baseball Pitch for Broadcast television", Computer, p.38, March 2002.

5. Terry Bahill, David G. Baldwin and Jayendran Venkateswaran, "Predicting a Baseball's Path", American Scientist 93, p.218, 2005.

6. Alan M. Nathan, "Analysis of PITCH f/x Pitched Baseball Trajectories", 2007.

7. A.M. Nathan, "The Effect of Spin on the Flight of a Baseball", Am.J.Phys.76(2), p.119, 2008.

8. Alan M. Nathan, "Analysis of knuckleball", an article published in the proceedings of the 9th Engineering of Sport Conference, July 9-13, 2012, in Lowell MA.

9. David Nemec,《The Official Rules of Baseball：An Anecdotal Look at the Rules of Baseball & How They Came To Be》, The Lyons Press, 1994.

10. Nolan Ryan and Tom House 著，王希一譯，《諾蘭‧萊恩－投手聖經》，麥田出版社，1984。

11. R.A. Dickey and Wayne Coffey 著，柯清心譯，《不死的蝴蝶》，商周出版社，2013。

第六章　球來就打…變化球怎麼打

1. Robert K. Adair, "The Physics of Baseball", Phys. Today, p.26, May 1995.

2. David G. Balddwin, Terryy Bahill, and Alan Nathan, "Nickel and Dime Pitches", 2005.

3. David Halberstam 著，陳榮彬譯，《隊友情深》，遠流，2004。

第七章　棒球的特性

1. Rod Cross , "The Bounce of a Ball", Am.J.Phys.67(3), p.222, 1999.

2. David Kagan and David Atkinson, "The Coefficient of Restitution of Baseball as a Function of Relative Humidity", Phys.Teacher 42(9), p.330, 2004.

3. K.C. Maynes, M.G. Compton, and B. Baker, "Coefficient of Restitution Measurement for Sport Balls–An Investigative Approach", Phys.Teacher 43, p.352, 2005.

4. Edmund R. Meyer and John L. Bohn , "Influence of a Humidor on the Aerodynamics of Baseball", Am.J.Phys.76(11), p.1015, 2008.

5. Gareth J. Lewis, J. Cris Arnold, and Iwan W. Griffiths, "The Dynamic Behavior of Squash Balls", Am.J.Phys.79(3), p.291, 2011.

6. A.M. Nathan、Lloyd V. Smith, Warren L. Faber、and Daniel A. Russell , "Corked bat, juiced balls, and humidors: The physics of cheating in baseball", Am.J.Phys.79(6), p.575, 2011.

第八章　球棒的特性

1. A Terry Bahill, "The Ideal Moment of Inertia for a Baseball or Softball Bat", IEEE Transactions on System, Man, And Cybernetics —Part A: Systems and Humans, Vol. 34, No. 2,

March 2004.

2. Rod Cross , "Mechanics of Swinging a Bat", Am.J.Phys.77(1), p.36, 2009.

3. Dan Russell , "Swing Weight of Baseball and Softball Bats", Phys. Teacher 48(10), p.471, 2010.

4. Richard Wolfson, 《Essential University Physics》Vol.1, 2rd Edition, 2012.

第九章　打擊出去

1. Paul Kirkpatrick , "Batting the Ball", Am.J.Phys.31, p.606, 1963.

2. Robert G. Watts and Steven Baroni , "Baseball-Bat Collision and the Resulting Trajectories of Spinning Balls", Am.J.Phys.57(1), p.40, 1989.

3. David Kagan , "The Effect of Coefficient of Restitution variation on Long Fly Ball", Am.J.Phys.58(2), p.151, 1990.

4. Rod Cross , "Impact of a Ball with a Bat or Racket", Am.J.Phys.67(8), p.692, 1999.

5. A.M. Nathan, "Dynamics of the Baseball-Bat Collision", Am.J.Phys.68(11), p.979, 2000.

6. Rod Cross, "Grip-Slip Behavior of a Bouncing Ball", Am.J.Phys.70(11), p.1093, 2002.

7. A.M. Nathan, "Characterizing the Performance of Baseball Bats", Am.J.Phys.71(2), p.134, 2003.

8. G.S. Sawicki, M. Hubbard, and W.J. Stronge, "How to Hit

Home Run: Optimum Baseball Bat Swing Parameters for Max Range Trajectories", Am.J.Phys.71(11), p.1152, 2003.

9. Rod Cross, "Bounce of a Spinning Ball Near Normal Incidence", Am.J.Phys.73(10), p.914, 2005.

10. Rod Cross and Alan M. Nathan, "Scattering of a Baseball by a Bat", Am.J.Phys.74(10), p.896, 2006.

11. Rod Cross and Alan M. Nathan, "Performance vs. Moment of Inertia of Sporting Implements", Sports Technol, p.1, 2009.

12. A.M. Nathan, Jonas Cantakos, Russ Kesman, Biju Mathew, and Wes Lukash, "Spin of a Batted Baseball", Procedia Engineering 34, p.182, 2012.

第十章　細看球棒遇見球

1. H. Brody, "The Sweet spot of Baseball Bat", Am.J.Phys.54(7), p.7640, 1986.

2. H. Brody, "Models of Baseball Bats", Am.J.Phys.58(8), p.756, 1990.

3. L.L. Van Zandt, "The Dynamical Theory of the Baseball Bat", Am.J.Phys.60(2), p.172, 1992.

4. Rod Cross, "The Sweet Spot of a Baseball Bat", Am.J.Phys.66(9), p.772, 1998.

5. Rod Cross, "Center of Percussion of Hand-Held Implements", Am.J.Phys.72(5), p.622, 2004.

6. A.M. Nathan, Daniel A. Russell, and Lloyd V. Smith, "The Physics of the Trampoline Effect in Baseball and Softball

Bats", Engineering of Sport 5, Vol.2, p.38, 2004.

7. A.M. Nathan, Lloyd V. Smith, Warren L. Faber、and Daniel A. Russell , "Corked bat, juiced balls, and humidors: The physics of cheating in baseball", Am.J.Phys.79(6), p.575, 2011.

8. John Updike, 《Hub Fans Bid Kid Adieu》, The Library of America, 2010.

國家圖書館出版品預行編目資料

棒球物理大聯盟：王建民也要會的物理學／李
中傑著.--二版--.--臺北市：五南,2016.10
　面；　公分.
ISBN 978-957-11-8793-8（平裝）
1.物理學　2.棒球
330　　　　　　　　　105015871

5A94

棒球物理大聯盟：
王建民也要會的物理學

作　　　者— 李中傑(82.6)

發 行 人— 楊榮川

總 編 輯— 王翠華

主　　編— 王正華

責任編輯— 金明芬

封面設計— 鄭瓊如

出 版 者— 五南圖書出版股份有限公司

地　　址：106台北市大安區和平東路二段339號4樓

電　　話：(02)2705-5066　傳　　真：(02)2706-6100

網　　址：http://www.wunan.com.tw

電子郵件：wunan@wunan.com.tw

劃撥帳號：01068953

戶　　名：五南圖書出版股份有限公司

法律顧問　林勝安律師事務所　林勝安律師

出版日期　2014年 6 月初版一刷
　　　　　2016年10月二版一刷

定　　價　新臺幣400元

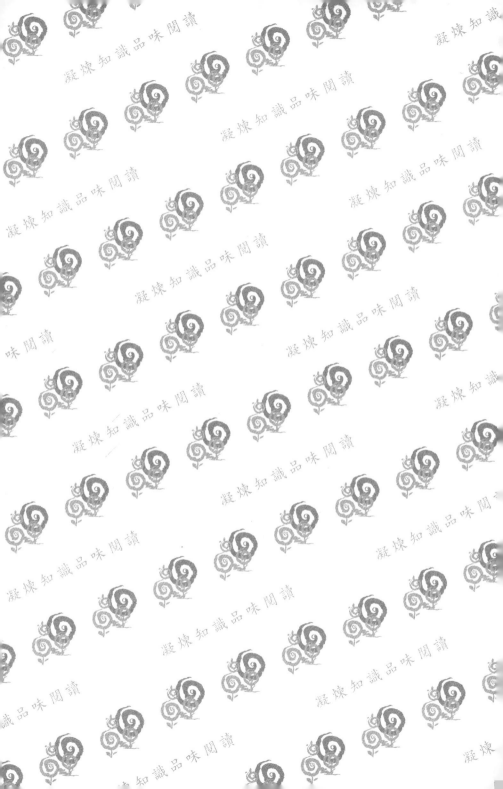